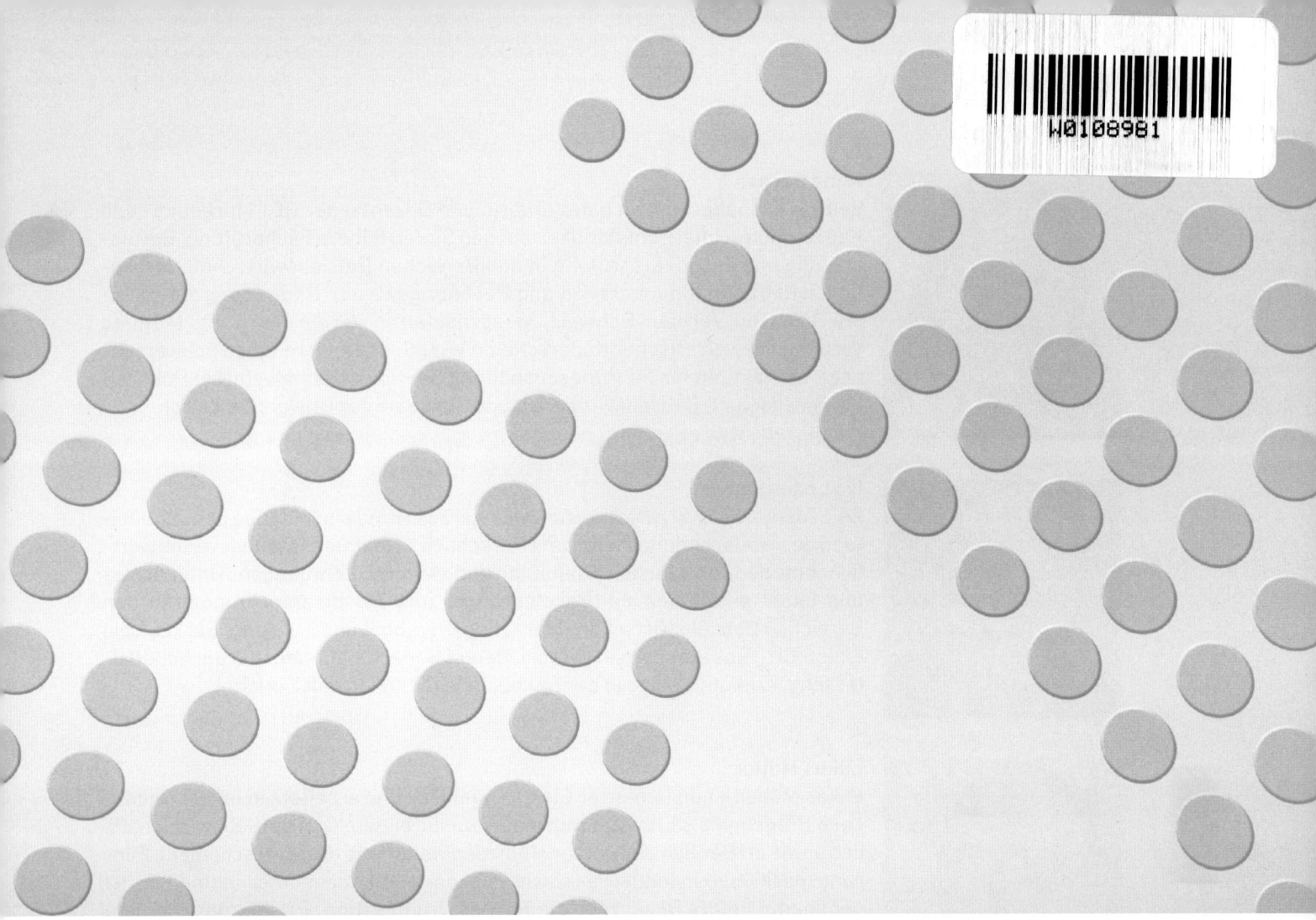

Repetitorium Technische Kaufleute
FOK, Marketing & Management

Theorie, Aufgaben & Lösungen

1. Auflage 2015

Aline Berger
Ivo Ledergerber
Lukas Müller

Aline Berger
Seit 2004 Inhaberin, Geschäftsführerin und Dozentin der GET Marketing- und Kaderschule. Unterrichtstätigkeit auf den Stufen höhere Fachprüfung, Berufsprüfung und Zertifikatsprüfung in den Bereichen Betriebswirtschaft, Marketing, HRM/Lohnadministration und Rechnungswesen. Bildungsverantwortliche Verband Verkauf Schweiz, Vizepräsidentin Verein MarKom, Mitglied Verband Schweizerischer Kaderschulen VSK, Gründungsmitglied Schweizerische Vereinigung für Führungsausbildung SVF. Lizenziat (Master) in Publizistikwissenschaft, Betriebswirtschaft und Sinologie der Universität Zürich.

Ivo Ledergerber
Ivo Ledergerber, verheiratet und Vater von zwei Kindern, Mitglied der Schulleitung des Weiterbildungszentrums Rorschach + Rheintal, Bildungsverantwortlicher bei den Technischen Kaufleuten und weiteren Lehrgängen. Unterrichts- und Expertentätigkeit bei Berufsprüfung und Zertifikatsprüfungen in den Bereichen Betriebswirtschaft, Marketing, Personal und Führung. Bis 2009 bei einem CH-Grosskonzern in verschiedenen Kaderfunktionen und als Schulleiter tätig, exekutive MBA an der Hochschule für Wirtschaft Zürich.

Lukas Müller
Lukas Müller ist diplomierter Elektroingenieur und arbeitete in unterschiedlichen Branchen als Entwicklungsingenieur. Er bildete sich betriebswirtschaftlich sowie im Bereich der Personalführung weiter und hatte verschiedene Führungspositionen in Industrie- sowie Telekommunikationsunternehmen. Er ist nebenamtlich als Dozent für die Fächer Organisation, Projektmanagement und Personalführung tätig.

Layout und Cover: KLV Verlag AG

1. Auflage 2015

ISBN 978-3-85612-350-5

KLV Verlag AG
Quellenstrasse 4e
9402 Mörschwil
Tel.: 071 845 20 10
Fax: 071 845 20 91
www.klv.ch
info@klv.ch

Inhaltsverzeichnis

Führung, Organisation, Kommunikation   7

Marketing   207

Management   275

Erklärung

THEORIE

Theorieteil

AUFGABEN

Aufgaben zu den Themen

ACHTUNG

Hier gilt besondere Aufmerksamkeit!

LÖSUNGEN

Lösungen zu den Aufgaben

Qualitätsansprüche

KLV steht für **K**LAR • **L**ÖSUNGSORIENTIERT • **V**ERSTÄNDLICH.

Bitte melden Sie sich bei uns per Mail (feedback@klv.ch) oder Telefon (071 845 20 10), wenn Sie in diesem Werk Verbesserungsmöglichkeiten sehen oder Druckfehler finden. Vielen Dank.

Vorwort

Dieses Repetitionsheft bietet eine ergänzende Vorbereitung für die eidgenössische Abschlussprüfung für Technische Kaufleute mit Fachausweis. Es ist als Ergänzung zu den bestehenden Lehrmitteln gedacht und dient einer zielorientierten Vorbereitung auf das schriftliche Prüfungsfach FOK, die mündlichen Prüfungsfächer FOK sowie die Fächer Marketing und Management.
Mit Hilfe dieses Repetitionsbuches ist es möglich:

- Sich zusätzliches Wissen durch das aktive Auseinandersetzen mit den Teilbereichen dauerhaft anzueignen
- Das bereits Bekannte zu vertiefen bzw. zu ergänzen und in Fallstudien anzuwenden
- Die Anwendbarkeit des Gelernten in Präsentation und Rollenspielen zu verbessern

Die Inhalte dieses Repetitionsheftes richtet sich dabei nach der Wegleitung für Technische Kaufleute der Fächer FOK (Führung – Organisation – Kommunikation), Marketing und Management. Die Gliederung wurde wie folgt gestaltet:

- **Schriftliche Prüfungsvorbereitung FOK**
  Jeder Abschnitt beginnt mit einer kurzen Einleitung, beziehungsweise einer Zusammenfassung der wesentlichsten Inhalte.

  Anschliessend folgt eine anspruchsvolle, zweistündige Fallstudie (mit Lösungsansatz). Die Erstellung dieser Fallstudie beruht aus den wertvollen Erfahrungen der letzten Prüfungsjahre und den wesentlichen Aspekte aus Prüfungsordnung und Wegleitung.

- **Mündliche Prüfungsvorbereitung FOK**
  Mit zahlreichen Fragen und Aufgaben kann der Studierende sein erworbenes Führungs- und Kommunikationswissen auf die Probe stellen. Die Fragen und Antworten stellen unterschiedliche Schwierigkeitsgrade auf.

  Präsentationen:
  Aus einer Auswahl von Präsentationsaufträgen kann dieses mündliche Prüfungsfach trainiert werden. Die Autoren empfehlen die erarbeitete Präsentation den Mitstudierenden oder einer Drittperson vorzustellen, zu präsentieren und beurteilen zu lassen.

  Führungssituationen:
  Ohne Fleiss kein Preis! Dies gilt auch für diesen zweiten mündlichen Prüfungsteil. Am Schluss dieses Heftes stehen realitätsbezogene Situationen zum Üben bereit. Mit Rollenspielen haben die Studierenden Gelegenheit unterschiedliche Führungssituationen 1:1 zu trainieren. Auch hier empfehlen die Autoren den Studierenden die Rollen bzw. Führungsgespräche unter Mitwirkung eines neutralen Beobachters mehrmals durchzuspielen.

- **Prüfungsvorbereitung Marketing und Management**
  Die Kapitel beginnen mit kurzen Zusammenfassungen des gesamten Prüfungsstoffs. Anschliessend folgt eine Vielzahl von Repetitionsfragen, die der Überprüfung des Gelernten dienen. Lösungsansätze für die Repetitionsfragen folgen am Schluss. Wir empfehlen, zusätzlich mit den bei der Prüfungsorganisation ANAVANT verfügbaren eidgenössischen Prüfungen zu trainieren.

Zu beachten: Gerade bei praktischen, fallbezogenen Aufgaben ist eine Vielfalt von Lösungen möglich - jeder Prüfungskandidat muss seine eigene individuelle Lösung erarbeiten. Abschliessend eine wichtige Anmerkung für die Studierenden an der Weiterbildung zu «Technischen Kaufleuten». Bei den hier wiedergegebenen Aufgaben handelt es sich um Prüfungsaufgaben, deren Inhalte auch in Zukunft thematisiert werden. Es handelt sich aber nicht um Aufgaben, die genau so gestellt werden. Die Bearbeitung dieses Heftes soll die Studierenden vielmehr bei einer erfolgreichen Prüfungsvorbereitung unterstützen.

Die Autoren

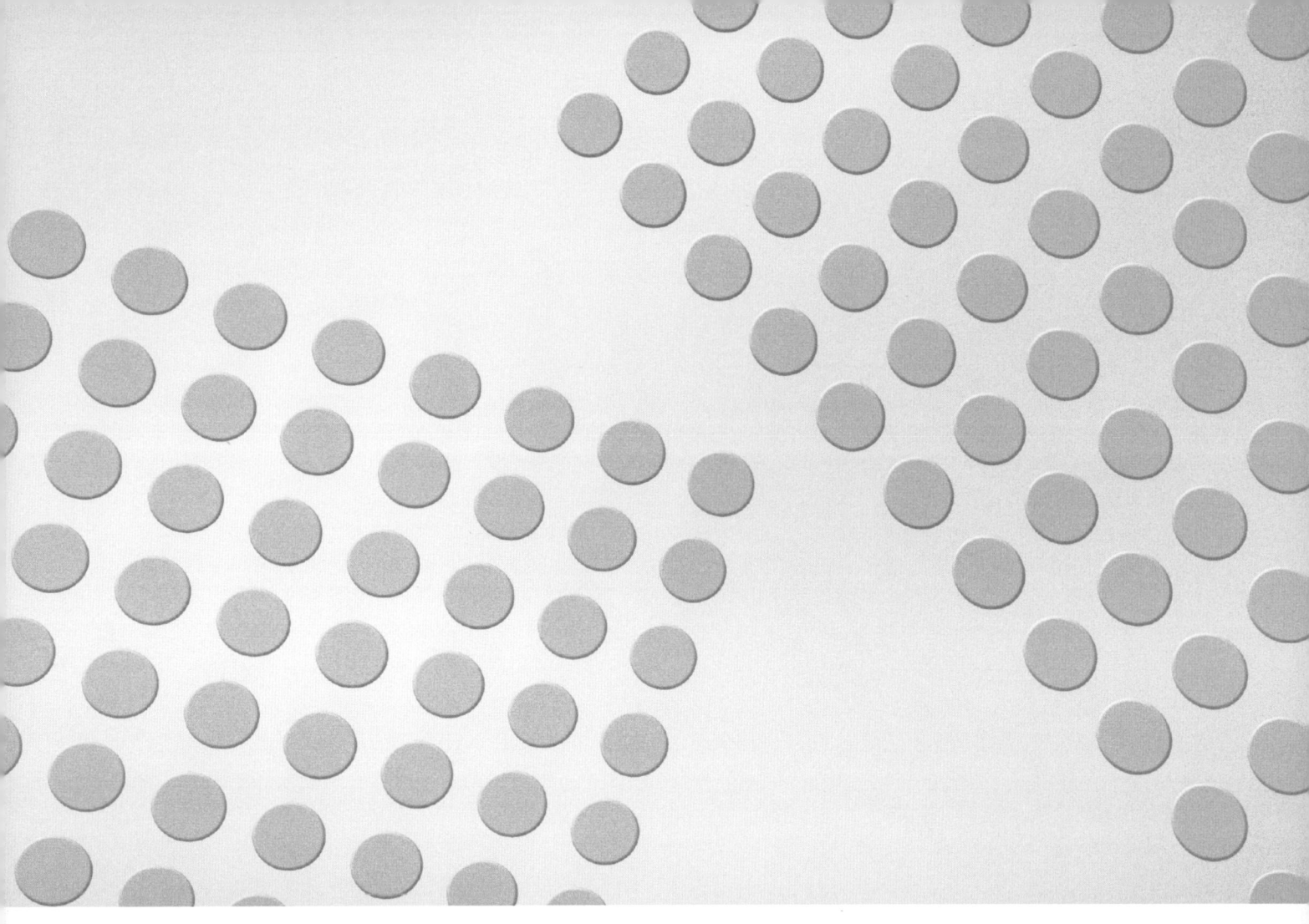

Führung, Organisation, Kommunikation

Theorie, Aufgaben & Lösungen

Ivo Ledergerber
Lukas Müller

Inhaltsverzeichnis

10 Präsentationsaufgaben 130

11 Gesprächssituationen 140

12 Lösungen 152

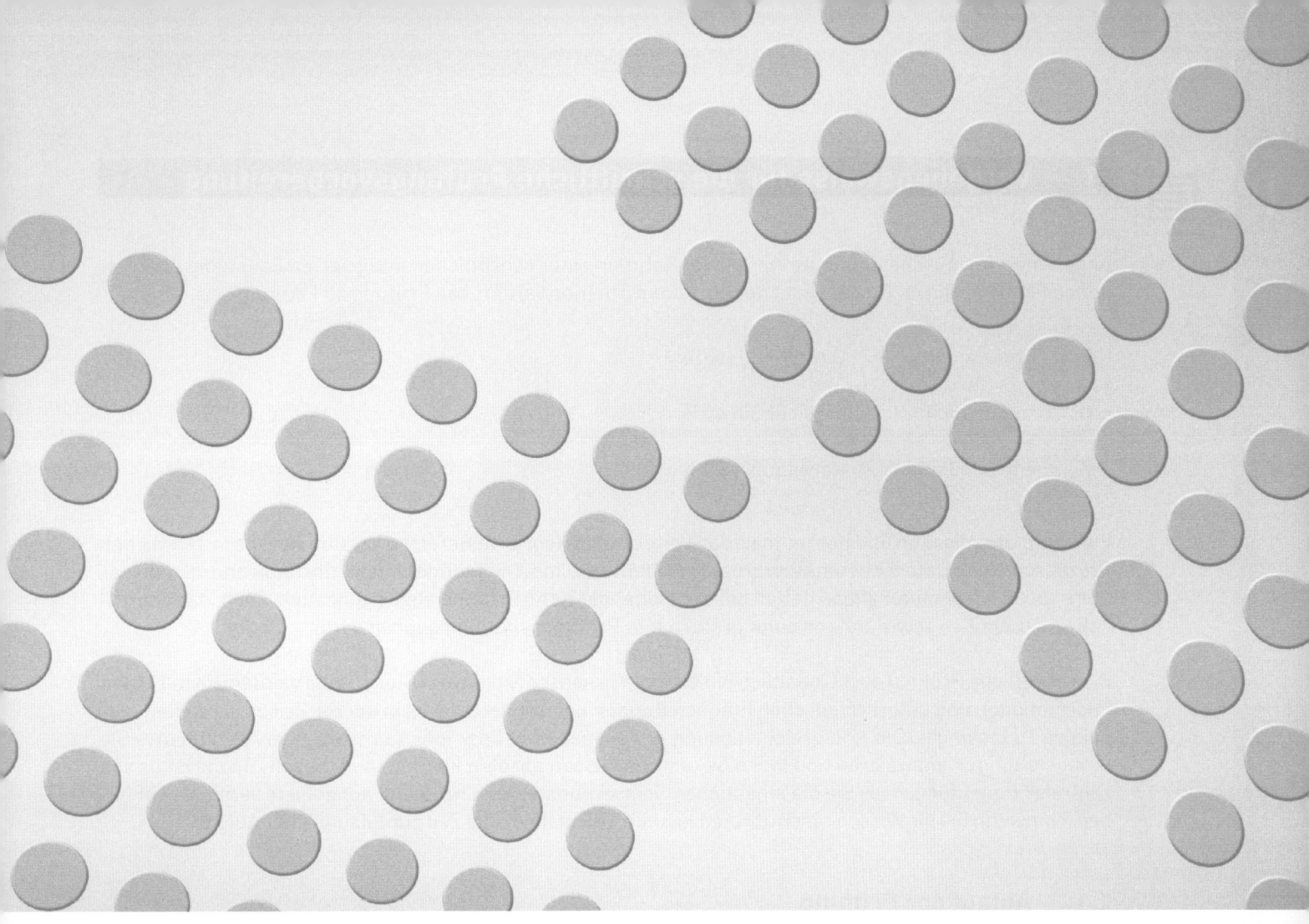

Vorgehensweise für die schriftliche Prüfungsvorbereitung

Kapitel 1

1 Vorgehensweise für die schriftliche Prüfungsvorbereitung

Angehende Technische Kaufleute werden im Rahmen einer schriftlichen integrierten Fallstudie über folgende Fächer geprüft. Das Gewicht der einzelnen Themen variiert von Prüfung zu Prüfung geringfügig:

F	ührung	Gewicht 30–40 %
O	rganisation	Gewicht 30–40 %
K	ommunikation	Gewicht 30–40 %

Führung, Organisation und Kommunikation werden als integrierte Bereiche verstanden, die in sämtlichen Prozessen eines Unternehmens von grosser Bedeutung sind. Die Stoffgebiete «Führung» und «Organisation» sowie «Kommunikation» gelten bei der eidgenössische Prüfung als ein einzelnes Fach, das schriftlich und mündlich sowie anhand einer praktischen Prüfungssituation geprüft wird.

Die schriftliche Prüfung deckt inhaltlich ein breites Wissensspektrum ab. Gleichzeitig werden Sie mit vielen Informationen und unterschiedlichen Fragestellungen konfrontiert, die es in kurzer Zeit zu verstehen respektive zu lösen gilt. Die erfolgreiche Lösung der Aufgaben gelingt Ihnen umso besser, je schneller Sie Fragestellungen analysieren und Ihnen bekanntes Wissen abrufen können. Aus diesem Grund ist es von zentraler Bedeutung, dass Sie die inhaltlichen Schwerpunkte der einzelnen Fachgebiete verinnerlicht haben. Nur wenn Sie Ihr Wissen rasch abrufen können, reicht Ihnen die Zeit zur Lösung aller Aufgaben.

1.1 Ablauf der Prüfung

Ausgangslage für jedes schriftliche Prüfungsfach bildet die «Allgemeine Fallstudie», die mehrere Seiten Informationen (Text, Tabellen, Grafiken) umfasst. In der Fallstudie wird eine Ihnen unbekannte Firma beschrieben, in die Sie sich hineinversetzen und für die Sie praktische Lösungen erarbeiten müssen. Jede Lösung (auch Ihre und jene der Prüfungsexperten) ist ein Unikat. Es gibt daher keine Musterlösung im eigentlichen Sinn, sondern mehrere unterschiedliche Lösungsvorschläge. Einen davon erarbeiten Sie selbst an der eidgenössischen Prüfung.

Die «Allgemeine Fallstudie» wird Ihnen zu Beginn der eidgenössischen Prüfung abgegeben, und Sie erhalten 15 Minuten Zeit, sie zu studieren. Nutzen Sie diese 15 Minuten sinnvoll, indem Sie den ganzen Fall sorgfältig durchlesen und sich überlegen, welche Art von Unternehmen Sie vor sich haben (Branche, Grösse, Produkte, Struktur). Markieren Sie wichtige Themen und Informationen (z. B. Führungsstruktur, Organisationsprobleme, Problemstellungen, die eine Lösung in Form eines Projekts benötigen)! Machen Sie punktuell Notizen und/oder Skizzen Ihrer Erkenntnisse (z. B. Mindmap, Organigramm, Rekrutierungsprozess, Führungsstile usw.).

Anschliessend lösen Sie die Prüfungen nach folgendem Ablauf:

– Prüfung kontrollieren
– Zeit einteilen
– Aufgaben lösen
– Lösungen nachprüfen

1.2   Prüfung kontrollieren

Bevor Sie starten, kontrollieren Sie Ihre Prüfung:

– Haben Sie das richtige Fach vor sich? Die Prüfung ist auf dem Deckblatt angeschrieben.
– Haben Sie alle Seiten vollständig erhalten? Die Seitenzahl finden Sie unten in den Fusszeilen.

Falls Ihr Prüfungsbogen mangelhaft ist, melden Sie sich umgehend bei einer Aufsichtsperson, die Ihre Prüfung austauschen wird.

1.3   Zeit einteilen

Im Fach «Führung, Organisation, Kommunikation» haben Sie an der Prüfung zwei Stunden Zeit, Ihre Lösung zu erarbeiten, und Sie können maximal 100 Punkte erreichen. Die 120 Minuten Prüfungszeit teilen Sie wie folgt ein:

Ziehen Sie von den 120 Minuten 15 Minuten ab, die Sie für die Vorbereitung, und 5 Minuten, die Sie für die Nachbearbeitung benötigen. Es bleiben Ihnen somit 100 Minuten für die Erarbeitung Ihrer Lösung.

Verteilen Sie die 100 Minuten gemäss der Punktzahlen auf die einzelnen Aufgaben. Beispiel: Aufgabe 1 ergibt maximal 16 Punkte. Schreiben Sie die errechnete Zeit pro Aufgabe auf.

Aufgabe	Anzahl Punkte	Zeitspanne
Aufgabe 1	16	16 × 1 Minute = 16 Minuten
Aufgabe 2	8	8 × 1 Minute = 8 Minuten
usw.		

Halten Sie sich möglichst genau an die Zeitvorgabe. Ein Zeitverlust kann sich auf das Gesamtergebnis negativ auswirken, da Ihnen zu wenig Zeit bleibt, um die anderen Aufgaben zu lösen. Wichtig ist, dass Sie sich im Rahmen der Prüfungsvorbereitung Methoden aneignen, Aufgaben effizient zu lösen. Das heisst, Sie entwickeln pro Fragetype eine standardisierte Vorgehensweise zur Lösung.

1.4   Aufgaben lösen

Lesen Sie die Fragen genau durch und markieren Sie das Wesentliche. Erarbeiten Sie Ihre individuelle Lösung unter strikter Einhaltung Ihres Zeitplans. Wenn Sie bei einer Aufgabe stecken bleiben, überspringen Sie sie und fahren Sie mit der nächsten Aufgabe weiter.

Achten Sie auf die Anzahl Bewertungspunkte und die Fragestellung. Für 4 Punkte wird beispielsweise mehr Text von Ihnen verlangt als für 2 Punkte. Achten Sie auf die Formulierung der Aufgabe bezüglich der gewünschten Form des Ergebnisses:

– für Beschreibungen braucht es ganze Sätze (mit zumindest einem Verb) in Ihrem Text,
– während bei Nennungen ein bis drei Wörter ausreichen.

Stellen Sie Ihren Lösungsweg übersichtlich und detailliert dar. Der Experte, der Ihre Prüfung korrigiert, muss Ihre Denkschritte nachvollziehen können. Erarbeiten Sie für jede Aufgabe eine Lösung, geben Sie keine einzige leere Aufgabe ab! Wenn Ihnen Angaben fehlen, treffen Sie Annahmen; wenn Ihnen der richtige Fachbegriff entfallen ist, umschreiben Sie ihn, usw. So haben Sie immer die Chance, noch ein paar wertvolle Punkte zu ergattern.

1.5 Lösung nachprüfen

Wenn Sie Ihren Zeitplan eingehalten haben, können Sie jetzt in Ruhe Ihre Prüfung nachkontrollieren:

– Haben Sie den Namen und die Kandidatennummer aufs Titelblatt geschrieben?
– Sind alle Seiten vollständig vorhanden und haben Sie sie wieder in die richtige Reihenfolge gebracht?
– Haben Sie für jede Aufgabe eine Lösung erarbeitet oder sind noch Lücken zu füllen?
– Sind Ihre Lösungen nachvollziehbar oder sollten Sie da und dort einen Gedankengang ausführlicher beschreiben?

Nutzen Sie die Zeit bis zum Schluss aus. Jeder Punkt, den Sie erhaschen können, hilft Ihnen zum Bestehen der Prüfung!

1.6 Trainieren Sie richtig

Im Sport beginnt die Vorbereitung auf einen Wettkampf mit einem Aufbautraining. Analog heisst das, Sie verinnerlichen den im Unterricht behandelten Stoff, indem Sie Ihre Unterlagen und allfällige Notizen durchlesen. Fassen Sie die Schwerpunkte schriftlich zusammen. Der nächste Schritt beinhaltet, sich an die Wettkampfbedingungen heranzutasten, indem Sie einzelne Prüfungsaufgaben unter Prüfungsbedingungen, d. h. der auf der Punktzahl basierenden Zeitvorgabe zu lösen versuchen.

Trainieren Sie mit Kollegen in Kleingruppen von maximal vier Personen. Stellen Sie sich, nachdem Sie die Aufgabe gelöst haben, Ihre Lösungen gegenseitig vor. Vergleichen Sie Ihre Lösungen erst anschliessend mit den Musterlösungen. Bei Abweichungen/Fragen konsultieren Sie einen Dozenten.

1.7 Der richtige Umgang mit Musterlösungen

Eigentlich gibt es gar keine «Musterlösungen», sondern verschiedene «Lösungsvorschläge». Von Ihnen als Prüfungskandidat/-in wird verlangt, dass Sie eine eigenständige Lösung, ein Unikat, erarbeiten. Dies braucht Übung, d. h., Sie müssen vor der eidgenössischen Prüfung in jedem Fach einige Lösungen selbst erarbeitet haben.

Damit Sie einen freien Kopf für Ihre eigene Lösung haben, müssen Sie diese unabhängig von Musterlösungen erarbeiten. Erarbeiten Sie deshalb stets Ihre eigene Lösung, bevor Sie einen fremden Lösungsvorschlag lesen.

Das Internet hält für jede Frage eine Antwort bereit und ist verlockend, wenn man vor einer schwierigen Prüfungsaufgabe sitzt. Widerstehen Sie dieser Verlockung, denn: Wenn Sie den Prüfungsstoff gelernt haben, wissen Sie besser Bescheid als das Internet. Vertrauen Sie auf Ihr Wissen, üben Sie die Umsetzung mithilfe der früheren eidgenössischen Prüfungen und haben Sie den Mut, eigene Prüfungslösungen zu entwickeln.

1.8 Aufwand für die Vorbereitung auf die schriftliche Prüfung

Die Aufarbeitung der Theorie besteht im Durchlesen der nachfolgenden Zusammenfassung. Dies nimmt ca. zwei Stunden in Anspruch. Je nachdem benötigen Sie eine Auffrischung einzelner Elemente, um den Stoff der Zusammenfassung verstehen zu können. Greifen Sie im Bedarfsfall auf die umfangreicheren Unterlagen des Unterrichts zurück.

Der vorliegenden Zusammenfassung liegt der gesamte Stoff zugrunde, der für die eidgenössische Prüfung der Jahre 2012, 2013 und 2014 relevant ist. Im Weiteren liegt diesem Repetitorium eine Übungsprüfung bei. Deren Bearbeitung nimmt zwei Stunden in Anspruch.

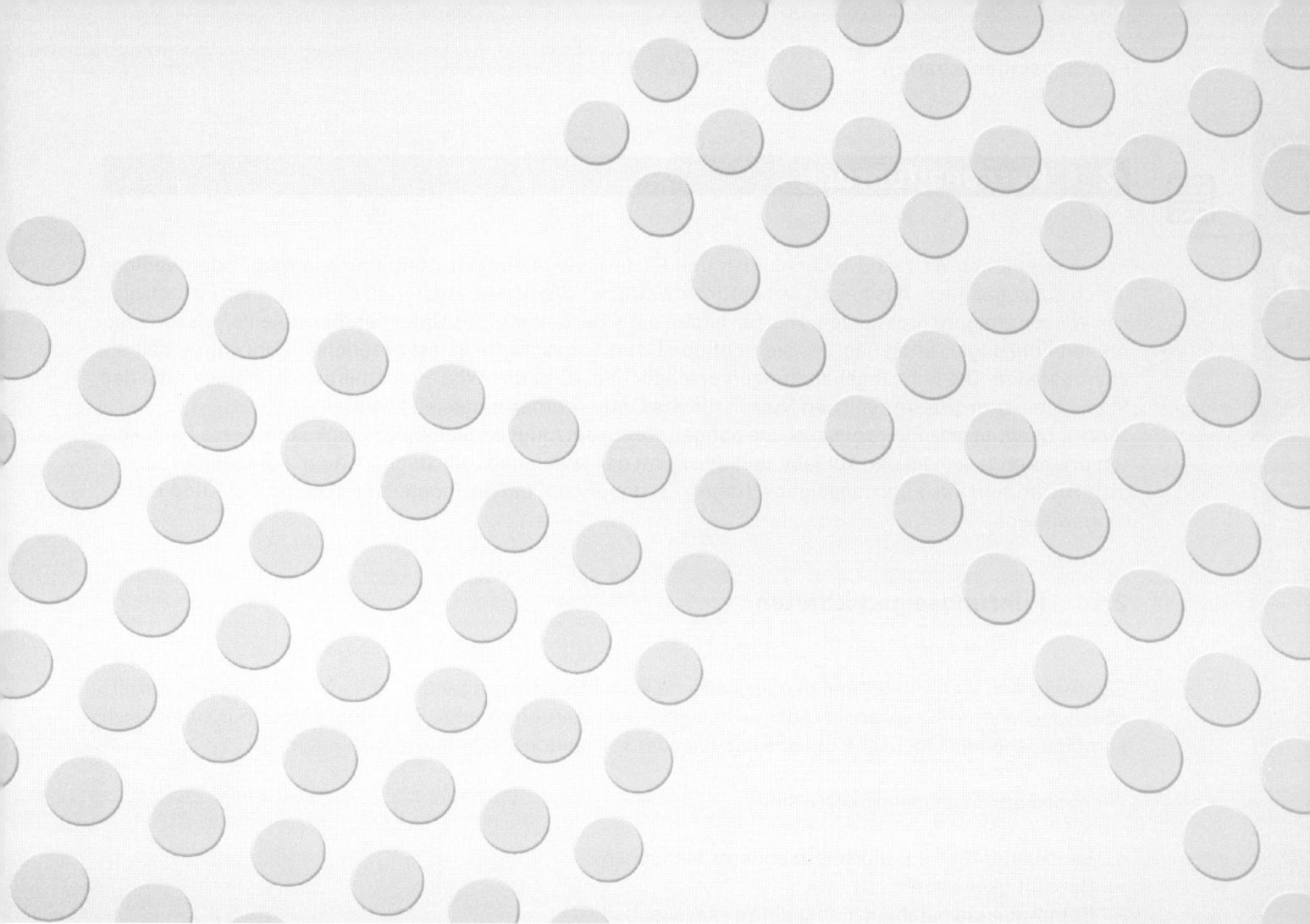

Personalführung

Kapitel 2

2 Personalführung

In der westlichen Welt sind Technologien und Fachwissen allen Marktteilnehmern mehr oder weniger gleich gut zugänglich. Das heisst, wesentliche Wettbewerbsvorteile entstehen dadurch, dass Firmen dieses Wissen zielgerichtet nutzen. Hierfür bilden die Mitarbeiter eines Unternehmens die Voraussetzung. An den Führungskräften liegt es, die richtigen Handlungsschritte in ihrer täglichen Führungsarbeit sicherzustellen. Die Führungshandlungen ermöglichen, dass das Wissen respektive die Fähigkeiten der Mitarbeiter zum grösstmöglichen Nutzen für das Unternehmen eingesetzt werden.

Hierfür benötigt jede Führungskraft die nötigen Voraussetzungen respektive Fähigkeiten. Diese Fähigkeiten orientieren sich an der Aufgabe und der Form der jeweiligen Führungsposition. Fähigkeiten setzen sich zusammen aus Führungseigenschaften (Begabungen) und Kompetenzen (Erfahrungs- und Handlungswissen).

2.1 Führungseigenschaften

Eigenschaften sind Einstellungen oder typische Verhaltensausprägungen, die - wenn die nötige Bereitschaft vorhanden ist - verändert oder weiterentwickelt werden können. Es gelingt jedoch nur selten, sich komplett fehlende Eigenschaften anzueignen oder vorhandene vollständig abzulegen.

Wichtige Führungseigenschaften sind:

- Sensibilität für die Bedürfnisse anderer Menschen
- Gerechtigkeitssinn
- Kommunikationsfähigkeit respektive -bereitschaft
- Bereitschaft zur Selbstkritik
- Bereitschaft zu lernen
- Entscheidungsfreudigkeit

2.2 Führungskompetenzen

Kompetenzen kann man sich aneignen. Die Eigenschaften unterstützen oder beschleunigen den Aufbau von Kompetenzen. Fehlen Eigenschaften, die für die entsprechende Kompetenz hilfreich sind, vollständig, beeinträchtigt das den Kompetenzaufbau.

Kümin, Rolf (2014): Wichtige Führungskompetenzen, unveröffentlicht

2.3   Führungskonzepte

Um die Mitarbeiter möglichst zielgerichtet an der Erreichung der Unternehmensziele zu beteiligen, muss der Vorgesetzte die Ziele mit jedem Mitarbeiter vereinbaren und die Zielerreichung überprüfen. Im Verlaufe der Zeit haben sich drei grundlegende Konzepte herausgebildet:

Konzept	Beschreibung
Management by Objectives (MbO)	Führen durch Zielvereinbarung
Management by Delegation (MbD)	Führen durch Delegation
Management by Exception (MbE)	Führen durch die Kontrolle von Abweichungen

2.3.1   Management by Objectives

Kurzbeschreibung Prinzip	Führen durch Zielvereinbarung, basiert auf einem mehrstufigen Zielsystem, das von der Unternehmensleitung über alle Hierarchiestufen des Unternehmens bis zum Mitarbeiter aufeinander abgestimmt ist. Der Vorgesetzte stellt inhaltlich sicher, dass die Ziele inhaltlich widerspruchsfrei sind, und überlässt dem Mitarbeiter, wie dieser die Ziele erreicht.
Voraussetzungen	– Transparenz der Ziele über alle Hierarchiestufen – Bereitschaft der Mitarbeiter, Verantwortung zu übernehmen – Gemeinsames erarbeiten und verabschieden (Vorgesetzter/ Mitarbeiter) der Zielsetzung – Gemeinsame Fortschrittskontrolle und beurteilen der Zielerreichung
Vorteile	– Entlastung der Führungskräfte, da der Mitarbeiter die Verantwortung für die Zielerreichung weitgehend selber übernimmt. – Die Leistungsbeurteilung wird objektiver, da sie unterschiedliche Sichtweisen berücksichtigt. – MbO bildet eine faire Grundlage für eine leistungsorientierte Entlohnung. – Geringe organisatorische Reibungsverluste, weil die Ziele bereichsübergreifend inhaltlich abgestimmt sind.
Nachteile	– Mitarbeiter können durch die hohe Eigenverantwortung überfordert werden. – Vorgesetzte verfügen nicht über die nötige Führungskompetenz, um die Qualität der Ziele sowie deren faire Beurteilung sicherzustellen. – Mitarbeiter verfügen nicht über die erforderlichen Selbstkompetenzen und kommen mit dem Leistungsdruck nicht klar.

2.3.2 Management by Delegation

Kurzbeschreibung Prinzip	Die Aufgaben werden so weit wie möglich dem jeweiligen Mitarbeiter übertragen. Das heisst, er bekommt die erforderlichen Kompetenzen und Verantwortung übertragen. Dies ermöglicht es ihm, selbstständig, ohne weitere Unterstützung des Vorgesetzten, die zugewiesenen Aufgaben zu erledigen und inhaltliche Ziele zu erreichen.
Voraussetzungen	– Klare Definition der Aufgaben, Kompetenzen und der Verantwortungsübertragung mittels Stellenbeschreibung oder Funktionsdiagramm – Eindeutige Ziele zu den übertragenen Aufgaben – Vorgesetzte verfügen über die nötige Führungskompetenz, um die Delegation sowie eine faire Beurteilung sicherzustellen
Vorteile	– Die eindeutige Definition, die der Delegation zugrunde liegt, schafft hohe Transparenz für alle Beteiligten. – Die Fähigkeiten des Mitarbeiters werden optimal genutzt. – Die Übertragung von Aufgaben beschleunigt Prozesse (keine Freigabe/Kontrolle durch Vorgesetzte erforderlich). – Führungskräfte werden zeitlich entlastet.
Nachteile	– Durch die hohe Selbstständigkeit der Mitarbeiter besteht die Gefahr der Isolation (zu geringer Austausch/Kontakt mit anderen Teammitgliedern) oder/und eines ungenügenden Wissensaustausches (Stellvertretung etc.). – Es besteht die Gefahr, dass Fehler gar nicht oder zu spät erkannt werden. – Die konsequente Anpassung der AKV-Regelungen (schriftlich) ist zeitaufwendig und wird häufig als bürokratisch empfunden.

2.3.3 Management by Exception

Kurzbeschreibung Prinzip	Basierend auf vereinbarten Zielen und Richtlinien nimmt der Mitarbeiter seine Handlungen vollständig selbstständig wahr. Nur im Fall von nicht vereinbarten Ereignissen involviert der Mitarbeiter seinen Vorgesetzten.
Voraussetzungen	– Detailliertes Festlegen von Zielen und Richtlinien ist zwingend – Fähigkeit des Mitarbeiters, selbstständig die Qualität, Einhaltung aller Vorgaben zu jedem Zeitpunkt beurteilen zu können – Die Arbeitsinhalte sollten primär standardisiert (Routinearbeiten) sein.
Vorteile	– Hohe Autonomie des Mitarbeiters fördert die Motivation. – Hohe zeitliche Entlastung des Vorgesetzten
Nachteile	– Gefahr der Demotivation der Mitarbeiter aufgrund der geringen Handlungsspielräume sowie aufgrund der detaillierten Richtlinien – Der Mitarbeiter kann kaum über sich hinauswachsen, da sein Handlungsspielraum eingeschränkt ist. – Die Eigeninitiative der Mitarbeiter wird durch die Richtlinien unterbunden oder stark eingeschränkt. – Die Methode ist nur in Bereichen mit hohem Routineanteil einsetzbar, d. h. in der Regel nicht in der gesamten Firma.

Personalführung — **2**

2.4 Mitarbeiterbeurteilung

Die Mitarbeiterbeurteilung ist eine der Hauptaufgaben jedes Vorgesetzten. Sie bildet die Grundlage für eine objektive Beurteilung der erbrachten Leistung sowie der beruflichen Weiterentwicklung des Mitarbeiters. Mit ihr werden drei Hauptziele verfolgt:

– Qualitative sowie quantitative Beurteilung der erbrachten Leistung des Mitarbeiters
– Beurteilung des Entwicklungspotenzials eines Mitarbeiters
– Identifizieren von Entwicklungsmöglichkeiten

Basierend auf den Erkenntnissen der Mitarbeiterbeurteilung trifft der Vorgesetzte seine Führungshandlungen:

– Erfüllt der Mitarbeiter die Erwartungen nicht, unterstützt er ihn durch gezielte Unterstützungsmassnahmen.
– Erfüllt der Mitarbeiter die Erwartungen, erörtern sie gemeinsam, wie die Leistung zusätzlich verbessert werden kann und was allfällige längerfristige Entwicklungsziele des Mitarbeiters sein könnten.
– Übertrifft der Mitarbeiter die Erwartungen, klärt der Vorgesetzte die mittelfristigen Entwicklungswünsche des Mitarbeiters. Anschliessend vereinbaren sie gemeinsam Entwicklungsziele und die Form der Unterstützung seitens der Firma.

2.4.1 Ablauf einer Beurteilung

Phasen, Elemente	Beschreibung
Zielvereinbarung	Gemeinsam werden die Ziele inhaltlich festgelegt und Kriterien, anhand derer die Erreichung der Ziele beurteilt werden kann, vereinbart.
Beobachtungsphase	Damit eine Beurteilung ausgewogen ist, müssen über die gesamte Periode Beobachtungen oder Einschätzungen vorgenommen und festgehalten werden. Nur wenn die Einschätzungen mit konkreten Beispielen und/oder sachlichen Befunden untermauert werden, sind diese aussagekräftig und hilfreich als Basis für eine Verbesserung.
Bewertungsphase	– Schriftliche Bewertung der Zielerreichung sowie Begründung der Einstufung durch den Vorgesetzten – Idealerweise beurteilt der Mitarbeiter sich selber auch.

Beurteilungsgespräch	– Rückschau
	  – Der Mitarbeiter und der Vorgesetzte tauschen sich Punkt für Punkt über ihre Einschätzungen aus.
	  – Unterschiedliche Einschätzungen werden erörtert, wobei dem Vorgesetzten die Abschlussbeurteilung obliegt.
	– Befindlichkeit
	– Neben der Zielerreichung klärt der Vorgesetzte die Befindlichkeit des Mitarbeiters bezüglich seiner beruflichen Situation.
	– Ausblick
	  – Erwartungen des Mitarbeiters klären
	  – Entwicklungswünsche erfassen
	– Gemeinsam werden die nächsten Schritte festgelegt.

2.4.2 Elemente Beurteilungsbogen

Um ein Mitarbeiterbeurteilungsgespräch effizient und fair gestalten zu können, sollte ein Beurteilungsbogen folgende Elemente enthalten:

Elemente	Beschreibung
Aufbau, Ablauf des Gesprächs	Die wesentlichen Schritte sowie die terminliche Abfolge des Beurteilungsprozesses sollten verständlich beschrieben werden (z. B. grafisch). Diese Transparenz erhöht das Vertrauen des Mitarbeiters bezüglich der Fairness und der Verständlichkeit des Prozesses.
Selbstbeurteilung	Erfassungsmöglichkeit der Zielerreichung durch den Mitarbeiter
Fremdbeurteilung	Erfassungsmöglichkeit der Zielerreichung durch den Vorgesetzten
Befindlichkeit	Erfassungsmöglichkeit der Befindlichkeit des Mitarbeiters mit seiner Situation
Zukunftswünsche	Erfassungsmöglichkeit der beruflichen Entwicklungswünsche des Mitarbeiters
Entwicklungsschritte	Der Vorgesetzte hält die möglichen respektive vereinbarten Entwicklungsschritte fest.
Einverständnis	Der Mitarbeiter muss die Möglichkeit haben, sein Einverständnis bezüglich der Aussagen/Bewertungen schriftlich festzuhalten. – Einverstanden – Nicht einverstanden/eingesehen

2.4.3 Zeitpunkte für Mitarbeiterbeurteilungen

Mitarbeiterbeurteilungen können zu sehr unterschiedlichen Zeitpunkten sinnvoll sein:

– Ablauf der Probezeit → Entscheidungsgrundlage für die Übernahme in ein unbefristetes Arbeitsverhältnis
– Aufnahme einer neuen Aufgabe → formaler Abschluss der bisherigen Aufgaben als Grundlage für ein Zwischenzeugnis oder einen internen Stellenwechsel
– Entscheidungsgrundlage für die Aufnahme in ein Kaderförderungsprogramm
– Auf Wunsch des Mitarbeiters
– Im Rahmen disziplinarischer Massnahmen
– Beim Austritt aus dem Unternehmen

2.4.4 Beurteilungsraster

Quantitatives Beurteilungsraster

	1	2	3	4	5	6	7	8	9	10
Ziel 1										
Ziel 2										

Qualitatives Beurteilungsraster

	Ziel weit verfehlt	Ziel teilweise erreicht	Ziel erreicht	Ziel übertroffen	Setzt neue Massstäbe
Ziel 1					
Ziel 2					

2.4.5 Erweiterte Formen der Mitarbeiterbeurteilung

Häufig werden weitere Informationen benötigt, damit Verbesserungspotenziale präziser erfasst und Verbesserungsmassnahmen konkretisiert werden können. Nachfolgende Methoden sind hilfreich, um zusätzliche Erkenntnisse im Rahmen der Personalbeurteilung zu gewinnen:

Formen	Beschreibung
Mitarbeiterbefragung	Meinungsumfragen sollten regelmässig eingesetzt werden, um die Mitarbeiterzufriedenheit zu erfassen bezüglich: – Betriebsklima – Einstellung der Mitarbeiter zum Unternehmen (Identifikation) – Zufriedenheit mit dem Management / der Führung
360-Grad-Rückmeldung (Feedback)	Systematische Befragung von Vorgesetzten, Mitarbeitern, Vorgesetzten gleicher Stufe, Kunden etc. sowie eine Selbsteinschätzung. Ziel ist es, zu erkennen, wie jemand sich selber wahrnimmt und wie er wahrgenommen wird.
Potenzialanalyse	Mit Potenzialanalysen können Fähigkeiten entdeckt werden, die für die berufliche Weiterentwicklung genutzt werden können.
Assessment-Center	Mittels der Simulation von konkreten Berufs- und Führungssituationen soll die Eignung für eine berufliche Position geklärt und/oder Entwicklungspotenzial identifiziert werden.

2.5 Teamführung

Die Führungsaufgabe eines Vorgesetzten beschränkt sich nicht nur auf die Führung der einzelnen Mitarbeiter. Er muss sich auch mit der Zusammenarbeit der einzelnen Mitarbeiter untereinander auseinandersetzen. Insbesondere wenn sich das Team in seiner Zusammensetzung ändert, muss auf die gruppendynamischen Prozesse im Team geachtet werden. Häufig kommt es in solchen Phasen zu Konflikten.

2.5.1 Gruppendynamische Prozesse

Immer wenn Menschen zusammenkommen, sind Gruppenbildungen zu beobachten. Dies gilt nicht nur beim ersten Aufeinandertreffen der gesamten Gruppe (z. B. nach einer Reorganisation), sondern auch wenn ein einzelnes Teammitglied eine Gruppe verlässt oder ein neues hinzukommt.

Gruppenphasen gemäss Bruce Tuckman:

– Forming: Einstiegs- und Findungsphase
– Storming: Auseinandersetzungs- oder Konfliktphase
– Norming: Regelungs- und Kontraktphase
– Performing: Leistungs- und Kooperationsphase
– Adjourning: Auflösungs- respektive Trennungsphase

Phase	Verhalten, Befindlichkeit der Teammitglieder	Rolle des Gruppenleiters
Forming	Zurückhaltung, Vorsicht und Unsicherheit prägt das Verhalten der Gruppenmitglieder.	– Rollen und Auftragsklärung – Bedürfnisse aller einbeziehen und wenn möglich berücksichtigen
Storming	Offene oder verdeckte Konflikte werden ausgetragen, um die persönlichen Ziele, Interessen und Bedürfnisse durchzusetzen.	– Hohe Aufmerksamkeit der Konfliktentwicklung schenken – Zurückhaltend intervenieren – Gemeinsamkeiten suchen und transparent machen – Sachziele in den Vordergrund stellen
Norming	Der Zusammenhalt in der Gruppe wächst und damit auch das Selbstvertrauen, das Ziel zu erreichen.	– Spielregeln, Vereinbarungen einhalten, nötigenfalls durchsetzen – Potenzielle Konfliktparteien laufend zusammenführen
Performing	– Gruppe entwickelt sich zu einer trag- und leistungsfähigen Einheit. – Man unterstützt sich aktiv gegenseitig, um das gemeinsame Ziel zu erreichen.	– Erfolge feiern – Team weiterentwickeln – Im Bedarfsfall durchsetzen der Spielregeln

Adjourning	– Gemeinsames Erfolgserlebnis feiern
	– Gemeinsames Scheitern aufarbeiten
	– Reflexion der gemachten Erfahrungen:
	  – Was nehme ich mit?
	  – Was lass ich hinter mir?
	– Abschied nehmen und nötigenfalls Versöhnung
		– Gruppenerfolg würdigen
		– Gemeinsamer Rückblick auf das Erlebte
		– Verabschiedung Raum geben

2.5.2 Konfliktbewältigung

Konflikte sind ein fester Bestandteil der Zusammenarbeit respektive des Zusammenlebens von Menschen. Sie entstehen grundsätzlich entlang von drei Mustern:

– Unterschiede: Es bestehen gegensätzliche Bedürfnisse, Haltungen oder Meinungen.
– Knappe Güter: Zwei beanspruchen dasselbe gleichzeitig.
– Machtansprüche: Eine Person will über jemand anderen bestimmen.

Konfliktursachen können sein:

– Fachliche Auseinandersetzungen
– Unterschiedliche Meinungen, Standpunkte
– Interessens- und Zielkonflikte
– Rollenkonflikte
– Machtkämpfe
– Unterschiedliche Normen und Werte (Kultur, Herkunft, Mentalität)

Immer wenn mehrere Menschen interagieren, kommt es früher oder später zu Konflikten. Konflikte sind ein fester Bestandteil jeder Form der Zusammenarbeit. Der Vorgesetzte stellt jedoch sicher, dass wenn immer möglich Konflikte konstruktiv gelöst werden können. Sollte dies nicht möglich sein, stellt er mittels seiner Handlungen eine Begrenzung der negativen Folgen sicher. Konflikte können mit unterschiedlichen Mitteln ausgetragen werden:

Form	Beschreibung
Sprachliche Mittel	Diskussion, Argumente, Beschimpfungen
Körperliche Mittel	Körperkraft, Schläge, Schnelligkeit
Psychische Mittel	Auslachen, einschüchtern, drohen
Wirtschaftliche Mittel	Geld, Einkaufsmacht, Rechtsstreit
Soziale Mittel	Ausgrenzung, Verleumdung

Formen der Konfliktlösung:

– Ausschliessung
  Eine Konfliktpartei wird veranlasst, die Gruppe zu verlassen.
– Unterdrückung
  Eine Konfliktpartei wird durch Machtmittel zum Einlenken genötigt.
– Allianz
  Beide Konfliktparteien rücken nicht von ihren Standpunkten ab, sind jedoch zur Zusammenarbeit bereit aufgrund eines übergeordneten Ziels, das nur gemeinsam erreicht werden kann. Das heisst, der Konflikt ist nicht beigelegt, sondern nur aufgeschoben.
– Kompromiss
  Beide Konfliktparteien rücken teilweise von ihren Forderungen ab und ermöglichen so die Beilegung des Konflikts.
– Integration
  Beide Konfliktparteien erarbeiten gemeinsam eine Lösung, die die Bedürfnisse beider Parteien abdeckt. Dies setzt eine hohe Bereitschaft beider Parteien voraus, sich mit den Bedürfnissen/Standpunkten des Konfliktpartners auseinanderzusetzen.

Personalführung

2

2.5.3 Eskalationsstufen eines Konflikts

Nr.	Eskalationsstufe	Beschreibung	Interventionsmöglichkeiten
1	Verhärtung	Standpunkte prallen aufeinander.	– Moderation
2	Debatte	Polarisation, Gruppenbildung, verbale Gewalt	– Moderation
3	Taten	Abweichungen zwischen Aussagen und dem Verhalten	– Moderation – Prozessbegleitung
4	Images, Koalitionen	Konfliktparteien stärken den inneren Zusammenhalt.	– Prozessbegleitung – Sozio-therapeutische Prozessbegleitung
5	Gesichtsverlust	Es kommt zu öffentlichen und direkten Angriffen.	– Prozessbegleitung – Sozio-therapeutische Prozessbegleitung – Vermittlung, Mediation
6	Drohstrategien	Die Konfliktparteien bedrohen sich.	– Sozio-therapeutische Prozessbegleitung – Vermittlung, Mediation – Schiedsverfahren, Gerichtsverfahren
7	Begrenzte Vernichtungs-schläge	Die Konfliktparteien fügen sich gegenseitig begrenzten Schaden zu oder nehmen es zumindest in Kauf (materiell und immateriell).	– Sozio-therapeutische Prozessbegleitung – Vermittlung, Mediation – Schiedsverfahren, Gerichtsverfahren – Machteingriff
8	Zersplitterung	Die gegnerische Konfliktpartei soll mit gezielten Aktionen zerstört werden.	– Schiedsverfahren, Gerichtsverfahren – Machteingriff
9	Gemeinsamer Abgrund	Die eigene Vernichtung wird in Kauf genommen, um den Sieg zu erringen.	– Machteingriff

2.5.4 Change Management oder der Umgang mit Widerstand in Organisationen

Jedes Unternehmen muss sich laufend verändern, ansonsten verliert es früher oder später seine Existenzberechtigung oder ist nicht mehr konkurrenzfähig. Veränderung ruft bei den Betroffenen häufig Widerstand hervor, aus diesem Grund ist es wichtig, dass Führungskräfte die Entstehung von Widerstand verstehen. Je früher sie Widerstand erkennen, desto weniger Energie und Aufmerksamkeit zieht die Bewältigung nach sich. Von zentraler Bedeutung ist, dass Veränderung ohne Widerstand nicht möglich ist. Der Mensch benötigt Sicherheit, um sein Leben zu bewältigen. Ohne Sicherheit ist er unter Druck respektive Stress. Menschen versuchen mittels Routine und Verhaltensstrategien möglichst viel Sicherheit im Leben zu erlangen. Ist diese Sicherheit in Gefahr, reagieren sie in der Regel mit Abwehrverhalten. Anhand von systematischen Untersuchungen hat man ein allgemeines Verhaltensmuster im Umgang mit Veränderungen identifiziert:

Kostka C., Mönch, A. (2009): Change Management: 7 Methoden für die Gestaltung von Veränderungsprozessen. Hanser Verlag

Das Abwehrverhalten kann unterschiedlichste Formen aufweisen. Die Grundtypen und woran man sie erkennen kann sind in Anlehnung an Edgar Schein:

	Formen von Widerstand	
	Verbaler Widerstand	**Verhaltenswiderstand**
Aktiv → Angriff	– Widerspruch – Vorwürfe – Drohungen	– Gerüchte – Unruhe stiften – Streit vom Zaun reissen – Intrigen
Passiv → Flucht	– Dienst nach Vorschrift – Lächerlich machen – Verharmlosen	– Passives Verhalten / Dienst nach Vorschrift – Der Arbeit fernbleiben

Widerstand lässt sich nicht vermeiden, aber vermindern, indem man:

– die Betroffenen früh, ehrlich und regelmässig informiert;
– die Betroffenen in die Gestaltung der Veränderung einbezieht;
– die Betroffenen am Entscheidungsprozess beteiligt;
– sich um ein Arbeitsklima bemüht, in dem die Mitarbeiter ihren Widerstand offen zeigen dürfen. Der Umgang mit verborgenem Widerstand ist viel schwieriger als mit offenem.

Personalmanagement

Kapitel 3

3 Personalmanagement

Das Personalmanagement stellt sicher, dass die richtigen Mitarbeiter gefunden, gehalten und weiterentwickelt werden. Das heisst, das Personalmanagement schafft die Voraussetzung, dass das Unternehmen über die «richtigen» Mitarbeiter in der erforderlichen Menge verfügt. Der Vorgesetzte stellt mit seinen Führungshandlungen jederzeit den bestmöglichen Einsatz des Mitarbeiters für das Unternehmen sicher.

Personalmanagement umfasst folgende Hauptaufgaben:

Teilbereich	Inhalte
Personalplanung qualitativ und quantitativ	Ermitteln, welche Qualifikationsprofile und Bestände benötigt werden
Personalbeschaffung	Personalauswahl und -anstellung
Personaleinsatz	Personaleinführung und Einsatzplanung
Personalerhaltung	Leistungsmotivation, Entlohnung
Personalentwicklung	Weiterbildung, Schulung, Förderung
Personalfreisetzung	Kündigung, Pensionierung, Freistellung
Personalverwaltung	Administrative Arbeiten

3.1 Personalbeschaffung

Der Rekrutierungsprozess sieht folgende Aktivitäten vor:

Prozessschritt	Beschreibung
Personalbedarf ermitteln	Der Vorgesetzte bestimmt den Zeitpunkt, wann welche Personalkapazitäten mit welchem Qualifikationsprofil benötigt werden.
Qualifikationsprofil erstellen	Basierend auf der Stellenbeschreibung wird ein Qualifikationsprofil erstellt: – Allgemeine Anforderungen – Fachliche Anforderungen – Charakterliche Anforderungen
Werbeinserat, Suchauftrag an Personalvermittlungsbüro erstellen	Inserat erstellen mit folgenden Angaben: – Firma, Position, Aufgaben – Anforderungen – Bewerbungsinformationen – Hinweise zu weiteren Informationen
Grobselektion	Selektion auf der Basis des Qualifikationsprofils: – Welche Bewerbungen berücksichtigt werden – Welche Bewerbungen nicht berücksichtigt werden (Absage)

Prozessschritt	Beschreibung
Feinselektion	Basierend auf der Analyse des: – Motivationsschreibens – Lebenslaufes – Zeugnisses – Vorstellungsgespräches
Eignungsprofil	Eignungsprofil erstellen
Anstellung	– Anstellungsvertrag ausstellen und unterzeichnen – Anderen Kandidaten absagen

3.2 Personaleinsatz

Die Gestaltung der Arbeitsformen dient der Flexibilisierung des Arbeitsverhältnisses. Einerseits kann nachfragebedingten Auslastungsschwankungen so ohne Mehrkosten begegnet werden. Andererseits wird einem gesellschaftlichen Trend nach einer Individualisierung des Arbeitspensums, z. B. aufgrund der geteilten Kinderbetreuung, Rechnung getragen. Die technischen Möglichkeiten (Telearbeit) ermöglichen eine zunehmende Virtualisierung des Arbeitsortes. Das heisst, um für eine Firma tätig zu sein, muss der Mitarbeiter nicht zwingend in der Firma vor Ort sein. Diese technischen Möglichkeiten schaffen zusätzlichen Spielraum für eine Flexibilisierung der Arbeitsformen.

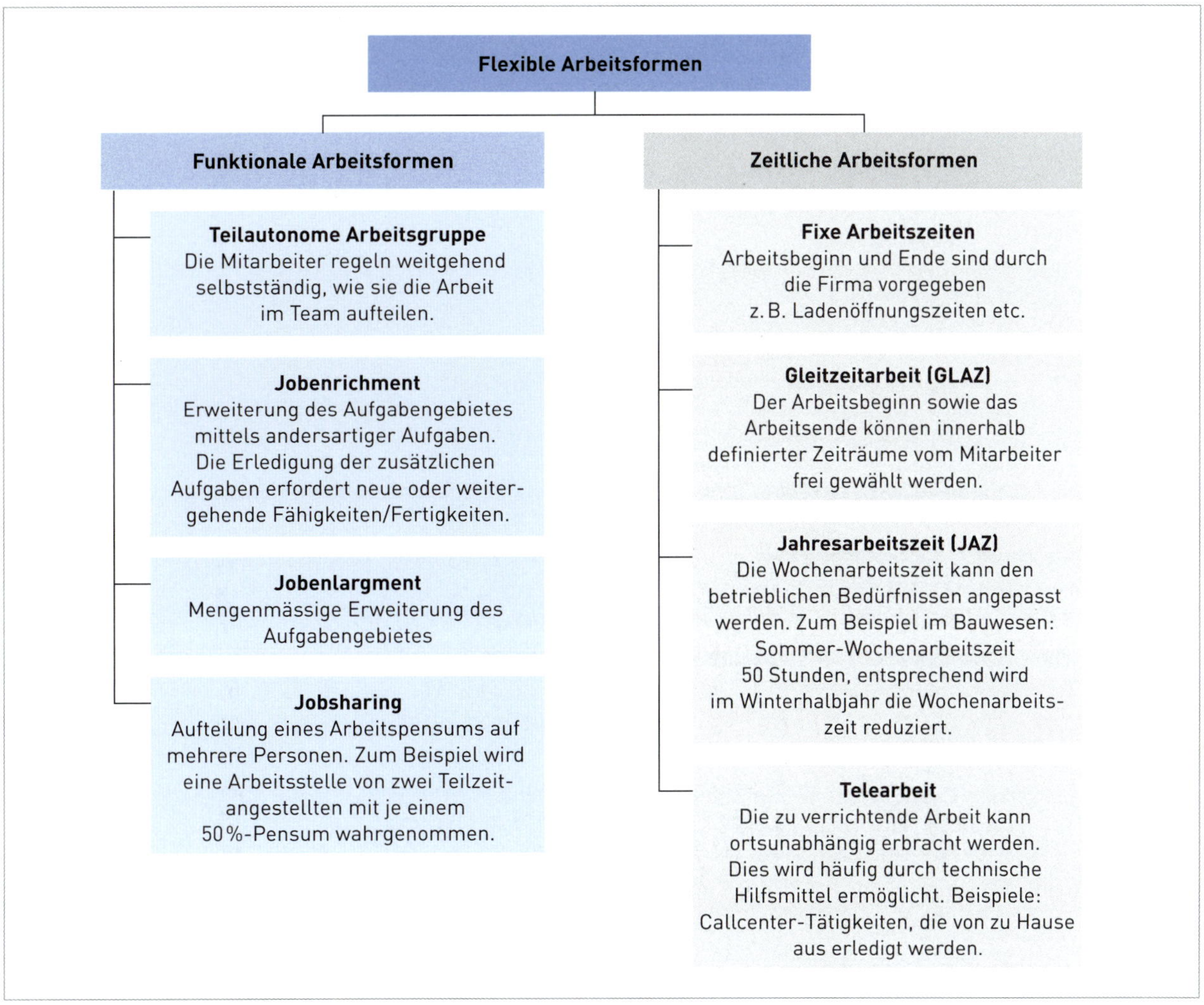

```
                          Flexible Arbeitsformen

        Funktionale Arbeitsformen              Zeitliche Arbeitsformen

   Teilautonome Arbeitsgruppe             Fixe Arbeitszeiten
   Die Mitarbeiter regeln weitgehend      Arbeitsbeginn und Ende sind durch
   selbstständig, wie sie die Arbeit      die Firma vorgegeben
   im Team aufteilen.                     z. B. Ladenöffnungszeiten etc.

   Jobenrichment                          Gleitzeitarbeit (GLAZ)
   Erweiterung des Aufgabengebietes       Der Arbeitsbeginn sowie das
   mittels andersartiger Aufgaben.        Arbeitsende können innerhalb
   Die Erledigung der zusätzlichen        definierter Zeiträume vom Mitarbeiter
   Aufgaben erfordert neue oder weiter-   frei gewählt werden.
   gehende Fähigkeiten/Fertigkeiten.

   Jobenlargment                          Jahresarbeitszeit (JAZ)
   Mengenmässige Erweiterung des          Die Wochenarbeitszeit kann den
   Aufgabengebietes                       betrieblichen Bedürfnissen angepasst
                                          werden. Zum Beispiel im Bauwesen:
                                          Sommer-Wochenarbeitszeit
   Jobsharing                             50 Stunden, entsprechend wird
   Aufteilung eines Arbeitspensums auf    im Winterhalbjahr die Wochenarbeits-
   mehrere Personen. Zum Beispiel wird    zeit reduziert.
   eine Arbeitsstelle von zwei Teilzeit-
   angestellten mit je einem              Telearbeit
   50%-Pensum wahrgenommen.               Die zu verrichtende Arbeit kann
                                          ortsunabhängig erbracht werden.
                                          Dies wird häufig durch technische
                                          Hilfsmittel ermöglicht. Beispiele:
                                          Callcenter-Tätigkeiten, die von zu Hause
                                          aus erledigt werden.
```

Arbeitsformen

3.3 Personalerhaltung

Der Lohn bildet einen zentralen Faktor für die langfristige Bindung des Mitarbeiters an ein Unternehmen. Ob Menschen sich über Lohnanreize nachhaltig motivieren lassen oder nicht, ist umstritten. Sicher ist, dass wenn die Entlohnung nicht marktgerecht oder als unfair innerhalb des betrieblichen Lohngefüges empfunden wird, wird der Mitarbeiter früher oder später das Unternehmen verlassen.

Gerechte Entlohnung muss folgende Anforderungen berücksichtigen:

- Anforderungsgerecht: Arbeitsschwierigkeit berücksichtigen
- Qualifikationsgerecht: Bildungsniveau berücksichtigen
- Marktgerecht: vergleichbarer Lohn für vergleichbare Aufgaben in anderen Unternehmen
- Sozialgerecht: Lebensalter, Familienstand, Urlaub, Überstunden und Schichtarbeit berücksichtigen
- Leistungsgerecht: Menge und Qualität der erbrachten Leistung des Mitarbeiters berücksichtigen

Der Lohn setzt sich in der Regel aus folgenden Elementen zusammen:

- Grundlohn
- Erfahrungsanteil (Berufserfahrung)
- Leistungsanteil (individueller Leistungsanteil oder Erfolgsbeteiligung am Unternehmenserfolg)
- Zulagen (Kinderzulagen, Schichtzulagen)
- Prämien (Spontanprämien, Gratifikation, Dienstaltersgeschenke)

3.4 Personalentwicklung

Die Personalentwicklung stellt sicher, dass das Unternehmen zu möglichst jedem Zeitpunkt über diejenigen Mitarbeiter verfügt, die für eine erfolgreiche Führung des Unternehmens erforderlich sind. Das heisst, das Unternehmen verfügt über die richtig qualifizierten Mitarbeiter in der erforderlichen Menge. Da die Arbeitsinhalte sich laufend verändern, verändern sich auch die Anforderungen an die Mitarbeiter stetig. Aus diesem Grund ist eine zielgerichtete Entwicklung des Personals eine zentrale Aufgabe jeder Führungskraft. Mit der Personalentwicklung werden Entwicklungspotenziale und Ausbildungsdefizite identifiziert sowie Entwicklungsmassnahmen vereinbart. Personalentwicklungsmassnahmen sollten auf die individuelle Situation und Bedürfnisse des Mitarbeiters sowie des Unternehmens abgestimmt sein. Unter Entwicklungsmassnahmen werden folgende Elemente verstanden:

– Inner- sowie ausserbetriebliche Aus- und Weiterbildung
– Laufbahnplanung und -entwicklung
– Mitarbeiterförderung am Arbeitsplatz

Um eine möglichst hohe Effizienz der Entwicklungsmassnahmen zu erreichen, sollte eine Mischung zwischen Theorie und Praxis unter Berücksichtigung der Kosten und des Zeitbedarfs erfolgen.

Konzept	Beschreibung
On the Job	Die Ausbildung findet direkt am Arbeitsplatz statt.
Into the Job	Der Mitarbeiter wird auf die Übernahme einer neuen Tätigkeit vorbereitet und durch den Vorgesetzten oder erfahrene Mitarbeiter eingearbeitet (Praktikum, Einführungsprogramm etc.).
Near the Job	Die Ausbildungsmassnahme erfolgt in einem arbeitsplatznahen Umfeld (z. B. Mitarbeit in einer Arbeitsgruppe, Qualitätszirkel etc.).
Parallel to the Job	Unterstützung durch einen qualifizierten Fachexperten oder einen Coach
Along the Job	Karrierebezogene Entwicklungsmassnahme (Nachwuchsförderung etc.)
Off the Job	Firmeninterne oder externe Weiterbildung (Seminare, Kurse)
Out oft he Job	Vorbereitung auf den Arbeitsausstieg

Organisation

Kapitel 4

4 Organisation

Die Ausgestaltung der Organisationsstruktur ist neben der richtigen Besetzung der einzelnen Positionen im Unternehmen der Gestaltungsspielraum mit der grössten Wirkung auf den Unternehmenserfolg. Die Effizienz sowie die Effektivität eines Unternehmens wird massgeblich durch die Aufbauorganisation (wer macht was) und durch die Ablauforganisation (wie wird was gemacht) beeinflusst.

4.1 Aufbauorganisation

Die Arbeitsteilung in einem Unternehmen wird durch drei Elemente beschrieben und inhaltlich geregelt:

Elemente der Aufbauorganisation	Beschreibung
Organigramm	Das Organigramm beschreibt grafisch, welche Aufgaben durch welche Organisationsbereiche im Unternehmen wahrgenommen werden. Hauptfunktion: Funktionale Gliederung und hierarchische Unterstellung
Leistungsauftrag	Der Leistungsauftrag beschreibt inhaltlich, welche Aufgaben durch welche Organisationseinheit innerhalb des Unternehmens wahrgenommen werden. Hauptfunktion: Inhaltliche Abgrenzung der einzelnen Organisationseinheiten
Stellenbeschreibung/Funktionsdiagramm	Die Stellenbeschreibung beschreibt, was die Aufgabe, die Verantwortung sowie die Kompetenz einer einzelnen Stelle im Unternehmen ist. Hauptfunktion: Die Stellenbeschreibung bildet die Basis für die Besetzung der Stelle sowie die Zielvereinbarung zwischen dem Vorgesetzten und dem Stelleninhaber.

4.1.1 Organigramm

Ein Organigramm kann grafisch in drei grundsätzlichen Formen dargestellt werden:

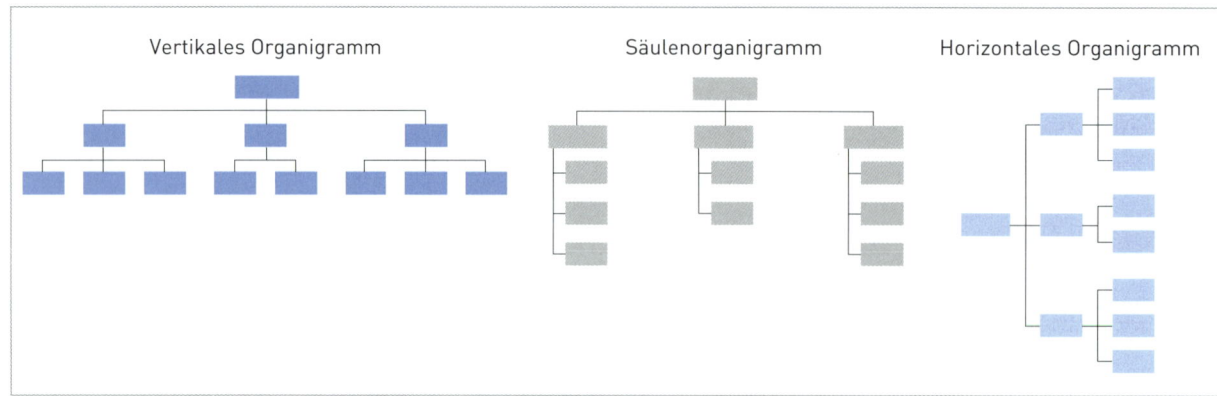

Darstellungsmöglichkeiten des Organigramms

Quelle: Managementorientierte Betriebswirtschaftslehre, J. P. Thommen, Seite 681

Ein Organigramm gibt über folgende Sachverhalte Auskunft:

- Eingliederung der Stellen in die Gesamtstruktur des Unternehmens
- Art der Stelle (Linienfunktion, Stabsfunktion oder Matrix)
- Dienstweg sowie Unterstellungsverhältnisse
- Bereichsgliederung, Zusammensetzung eines Organisationsbereichs, Stellenbezeichnung

Ein Organigramm kann inhaltlich um spezifische Informationen erweitert werden:

- Die Anzahl der Mitarbeiter einer Organisationseinheit
- Name des Stelleninhabers (Leiter der Organisationseinheit)
- Kostenstelle

Am gebräuchlichsten sind folgende Strukturtypen von Organigrammen:

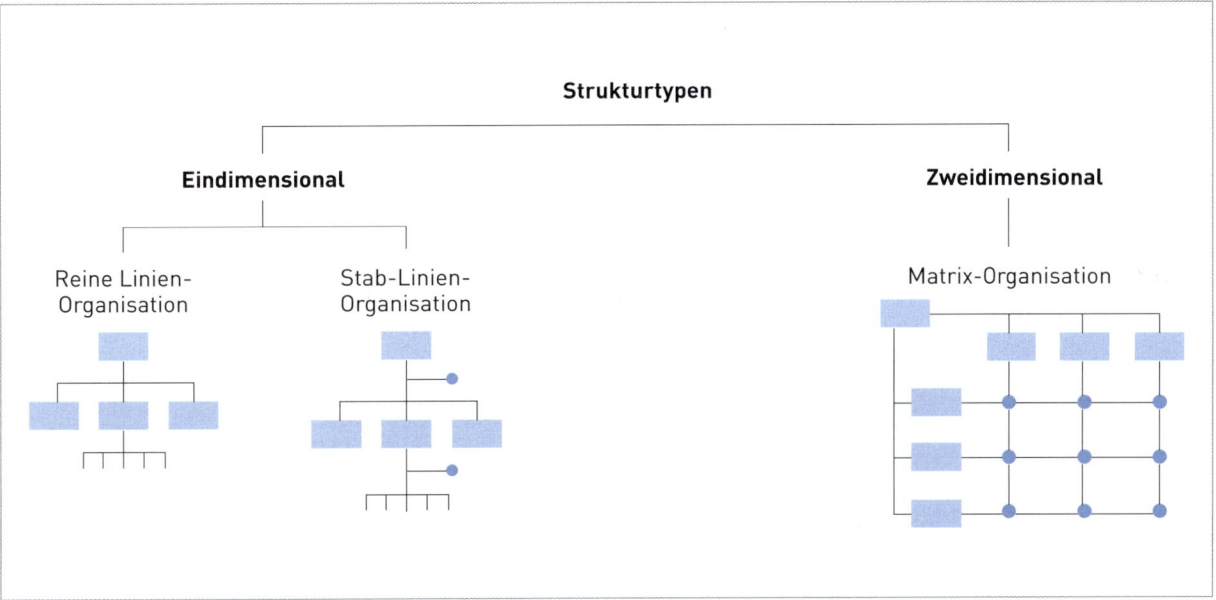

Übersicht über die Organisationsstrukturen der Aufbauorganisation

Quelle: Guido Müller, Einführung in die kaufmännische Betriebskunde, 5001 Aarau, 7. Auflage, 2007

Stabsstellen können grafisch durch andere Formen (runde Ecken, Kreise etc.) zu Linienfunktionen eindeutig abgegrenzt werden. Häufig wird jedoch die gleiche Darstellung analog der Linienfunktion gewählt (rechteckig). Die grafische Anordnung als horizontaler Seitenast zwischen zwei Hierarchieebenen oder als seitliche Verlängerung zu einer bestimmten Linienfunktion stellt eine Stabsfunktion eindeutig dar.

4.1.2   Stellenbeschreibung

Damit der Inhaber einer Stelle seine zugewiesenen Aufgaben erfüllen kann, muss er mit den dazu nötigen Kompetenzen ausgestattet werden. Als Kompetenz bezeichnet man Rechte und Befugnisse, alle zur Aufgabenerfüllung notwendigen Massnahmen und Handlungen vorzunehmen oder ausführen zu lassen. Mit der Übertragung von Aufgaben und Kompetenzen – AKV-Regelung – wird der Stelleninhaber verpflichtet, seine Aufgabe korrekt zu erfüllen und damit auch die Verantwortung dafür zu übernehmen. Unter Verantwortung versteht man die Pflicht eines Aufgabenträgers, für die zielentsprechende Erfüllung einer Aufgabe persönlich Rechenschaft abzulegen.

Als Grundsatz gilt, dass die übertragenen Aufgaben, die zugewiesenen Kompetenzen und die zu übernehmende Verantwortung einander entsprechen müssen.

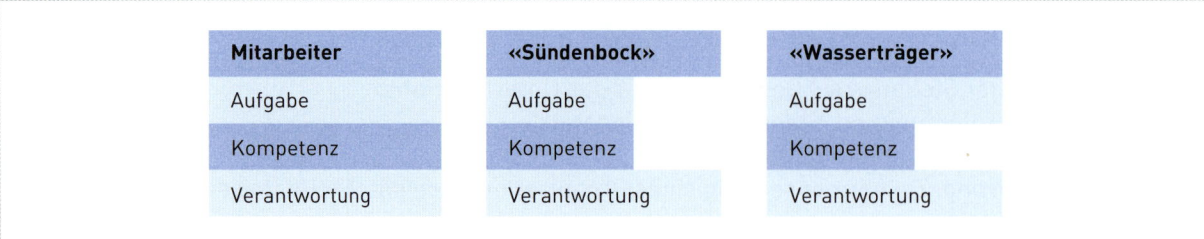

Korrekte und unkorrekte Ausprägungen der AKV-Regelung

Eine Stellenbeschreibung umfasst folgende Inhalte:

Inhaltliche Elemente	Beschreibung
Organisatorische Eingliederung	– Bezeichnung der Stelle – Name des Stelleninhabers – Name und Funktion des direkten Vorgesetzten – Stellvertretungsverhältnisse – Unterschriftenberechtigung
Zielsetzung der Stelle	Beschreibung der Hauptaufgaben sowie der Ziele der Stelle
Aufgaben	Aufgaben, die inhaltlich durch den Stelleninhaber wahrgenommen werden
Kompetenzen	Kompetenzen, die dem Stelleninhaber übertragen werden, um die Aufgaben wahrnehmen zu können
Verantwortung	Verantwortung, die dem Stelleninhaber übertragen wird im Zusammenhang mit der Wahrnehmung der zugewiesenen Aufgaben respektive der Stelle
Organisatorische Beziehungen	Wichtige Bezugspersonen, Kunden, Partner innerhalb und ausserhalb des Unternehmens
Anforderungen an den Stelleninhaber	– Ausbildung, Weiterbildung, Berufserfahrung – Persönlichkeitsstruktur – Besondere Eigenschaften (z. B. Belastbarkeit etc.)

4.1.3 Funktionsbeschreibung

Eine Funktionsbeschreibung ist eine Variante oder ein Ergänzung zur Stellenbeschreibung. Eine Funktionsbeschreibung beschreibt, welche Stellen (Beteiligten) in welchen Rollen und Aufgaben wie interagieren. Die Funktionsbeschreibung basiert auf einer Matrix der Aufgaben und der beteiligten Stellen. Für die einzelnen Felder kann aus einer Reihe von Funktionen ausgewählt werden. Die bekannteste Form der Funktionsbeschreibung bildet hierbei das

R	esponsible	Verantwortlicher für die Durchführung
A	ccountable	Rechenschaftsverantwortlicher Unterschriftsberechtigter, z. B. Kostenstellenverantwortlicher
C	onsulted	zu konsultierender Fachverantwortlicher
I	nformed	zu informierender Beteiligter

Beispiel:

Funktionsbeschreibung Autowerkstatt

Aufgaben \ Stellen	Werkstattchef	Automechaniker	Lagerist	Buchhalter
Vereinbaren eines Kundentermins	A	I	–	I
Fahrzeug untersuchen	A	R	I	–
Ersatzteile beschaffen	A	C	R	I
Reparatur durchführen	A	R	I	I
Fahrzeugkontrolle	A	R	–	I
Rechnung erstellen	A	C	–	R

4.2   Ablauforganisation/Prozessmanagement

Die Ablauforganisation beschreibt, wie Tätigkeiten innerhalb eines Unternehmens strukturiert werden. Insbesondere beschreibt die Ablauforganisation die Transformation, wie der Input in den erforderlichen Output umgewandelt wird.

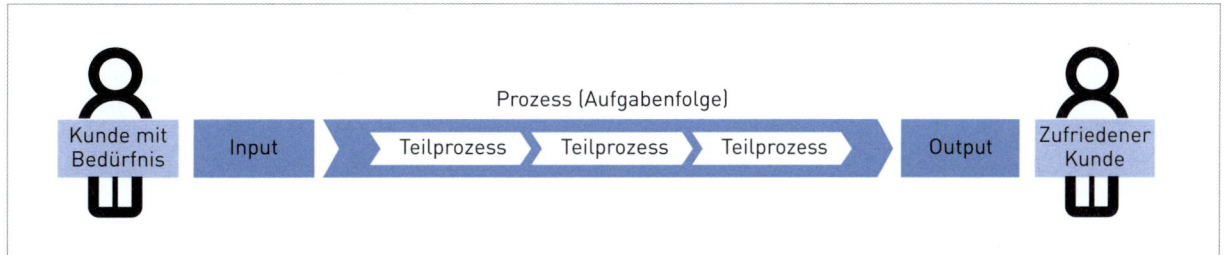

Die Gliederung im Geschäftsprozess

Formal wird die Transformation als Prozess beschrieben. Aus diesem Grund spricht man in der Regel von Prozessmanagement. Jeder Prozess kann anhand der folgenden Elemente eindeutig beschrieben werden:

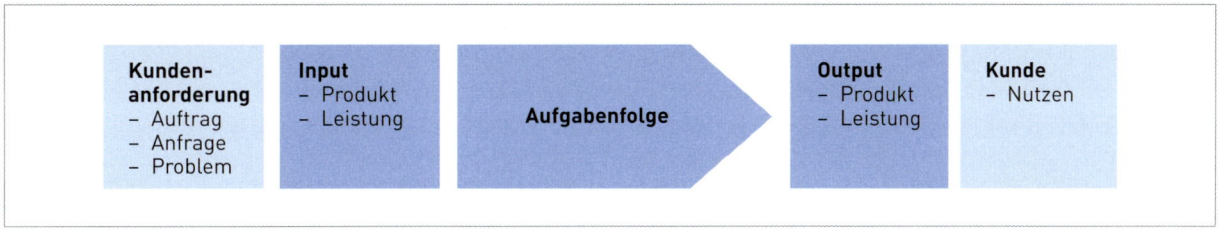

Die Elemente eines Prozesses

Prozesse lassen sich auch als eindeutige Sequenz von Aufgabenabfolgen grafisch beschreiben. Eine weit-verbreitete Form ist das Flussdiagramm. Um alle denkbaren Prozesse abbilden zu können, sind folgende Grundelemente erforderlich:

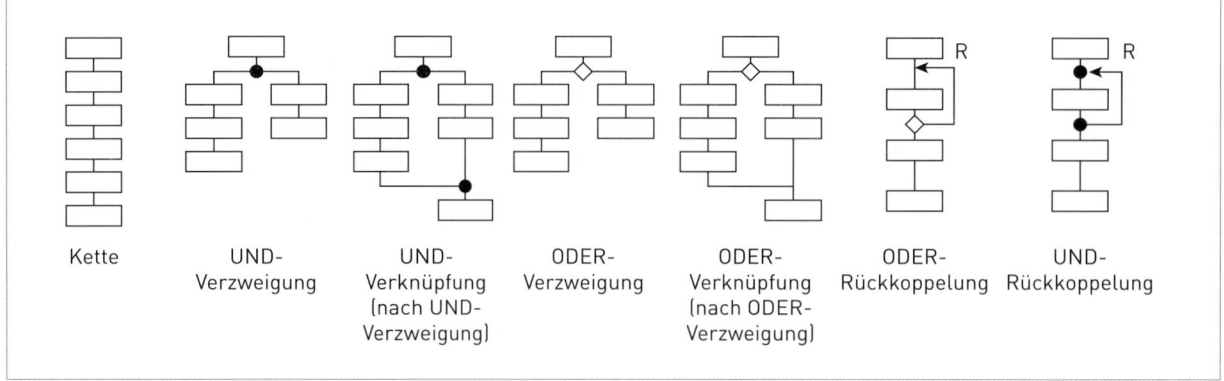

Die Grundformen zum Aufgabenfolgeplan/Flussdiagramm

Quelle: Götz Schmidt, Methoden und Techniken der Organisation, Verlag Götz Schmidt, Giessen

Eine Kombination der beiden Sichtweisen, d. h. der Aufbau- sowie der Ablauforganisation, stellt die Swim-lane-Darstellung dar. Hierbei wird das Flussdiagramm so ergänzt, dass mittels Bahnen (in Anlehnung an Schwimmbahnen) die organisatorische Zuständigkeit abgebildet wird.

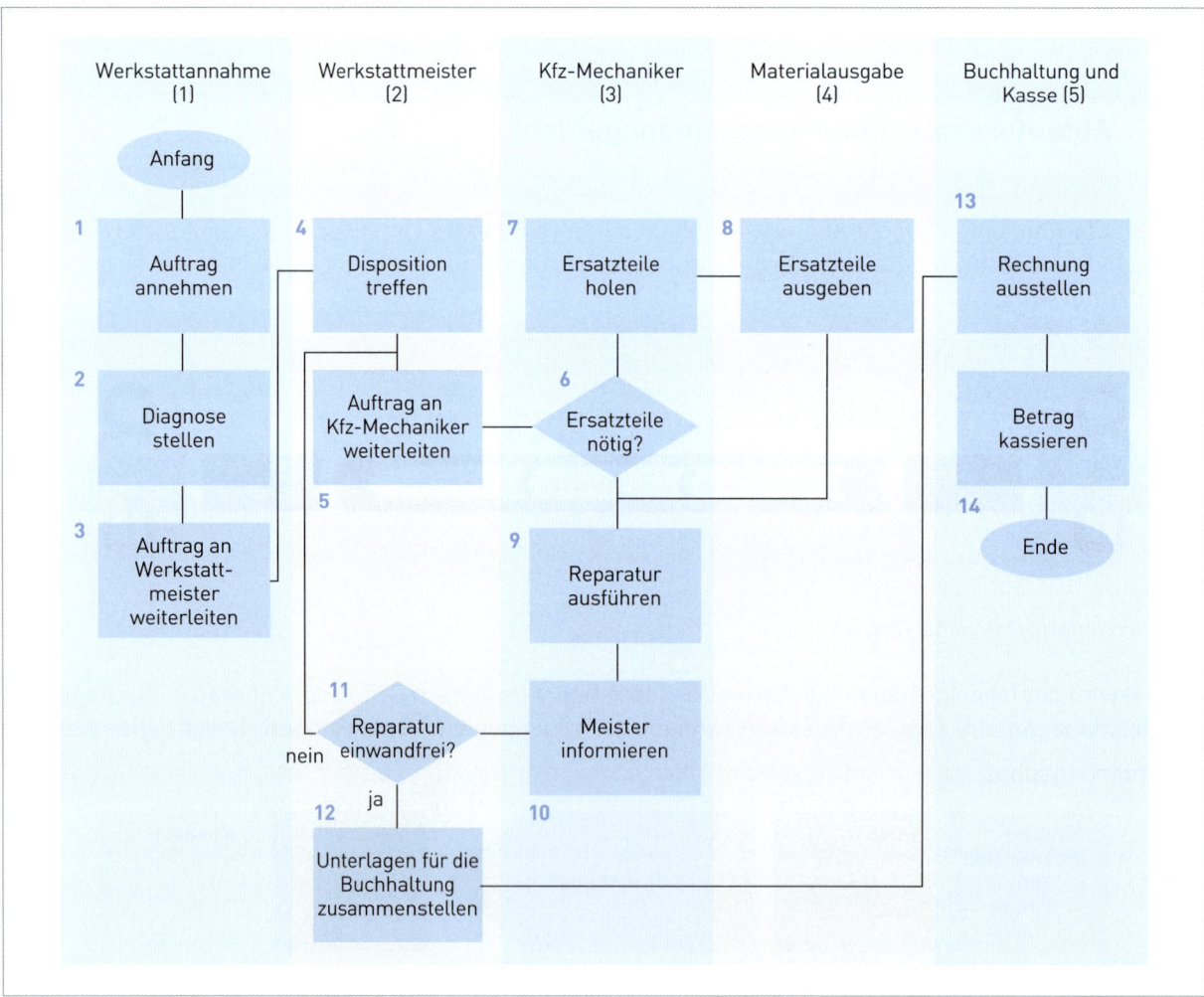

Beispiel: Ausführung eines Auftrags für eine Auto-Reparatur

Quelle: Deutsche Verlagsanstalt: Flow Charting, Stuttgart

4.3 Projektmanagement

4.3.1 Projektphasen

Projektphasen dienen dazu, das Projekt entlang der methodischen Schritte der projektspezifischen Vorgehensweise in sinnvolle Phasen zu gliedern. Die Phasen stellen in sich abgeschlossene Realisierungsschritte dar. Diese schrittweise Umsetzung ermöglicht eine gezielte Steuerung des Projekts. Die Phasen werden durch Meilensteine voneinander inhaltlich und zeitlich abgegrenzt. Die Meilensteine (MS) entsprechen Kontrollpunkten, um zu überprüfen, ob der Projektstand demjenigen des Projektplans entspricht. Häufig erfolgt beim Abschluss einer Projektphase eine Übergabe der Verantwortung (z. B. bei Bauprojekten vom Architekten an den Baumeister bei MS 2).

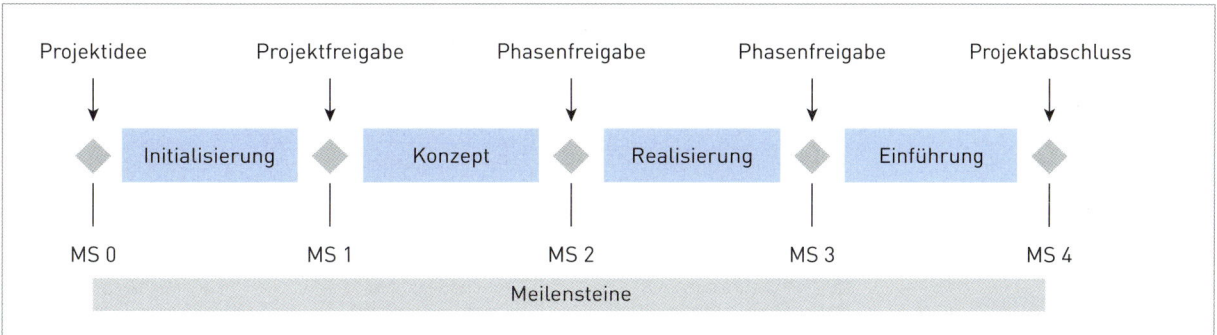

Quelle: Hermes©, www.isb.admin.ch/themen/methoden/01661/index.html?lang=de

Phase	Inhalt, Beschreibung
Initialisierungsphase	Die Initialisierung schafft eine definierte Ausgangslage für das Projekt und stellt sicher, dass die Projektziele mit den Zielen und Strategien der Organisation abgestimmt sind.
Konzeptphase	Es werden basierend auf den Anforderungen des Auftragsgebers verschiedene Realisierungsvarianten erarbeitet und systematisch bewertet. Diese Phase wird häufig auch Machbarkeits- oder Vorstudie genannt. Basierend auf dem Resultat der Konzeptphase wird häufig entschieden, ob eine Realisierung vorgenommen wird oder nicht.
Realisierungsphase	Das Produkt/Lösung wird realisiert und getestet. Die nötigen Vorarbeiten werden geleistet, um die Einführungsrisiken zu minimieren.
Einführungsphase	Der sichere Übergang vom alten zum neuen Zustand wird gewährleistet. Der Betrieb wird aufgenommen und so lange durch das Projekt unterstützt, bis er stabil ist. Das Projekt wird abgeschlossen und die Projektorganisation wird aufgelöst.

4.3.2 Projektorganisation

Die Projektorganisation besteht im Wesentlichen aus einer Aufbauorganisation analog einer klassischen Linienorganisation. Das heisst, die Projektorganisation umfasst Rollen, die mittels Stellenbeschreibung oder Funktionsdiagramm eindeutig beschrieben werden können. Gleichzeitig kann die Aufbauorganisation eines Projekts in Form eines Organigramms veranschaulicht werden. Der grösste Unterschied zwischen einer Linien- und einer Projektorganisation besteht in der zeitlich befristeten Existenz. Die Projektorganisation existiert nur während dem Zeitraum vom Projektbeginn bis zum Projektabschluss.

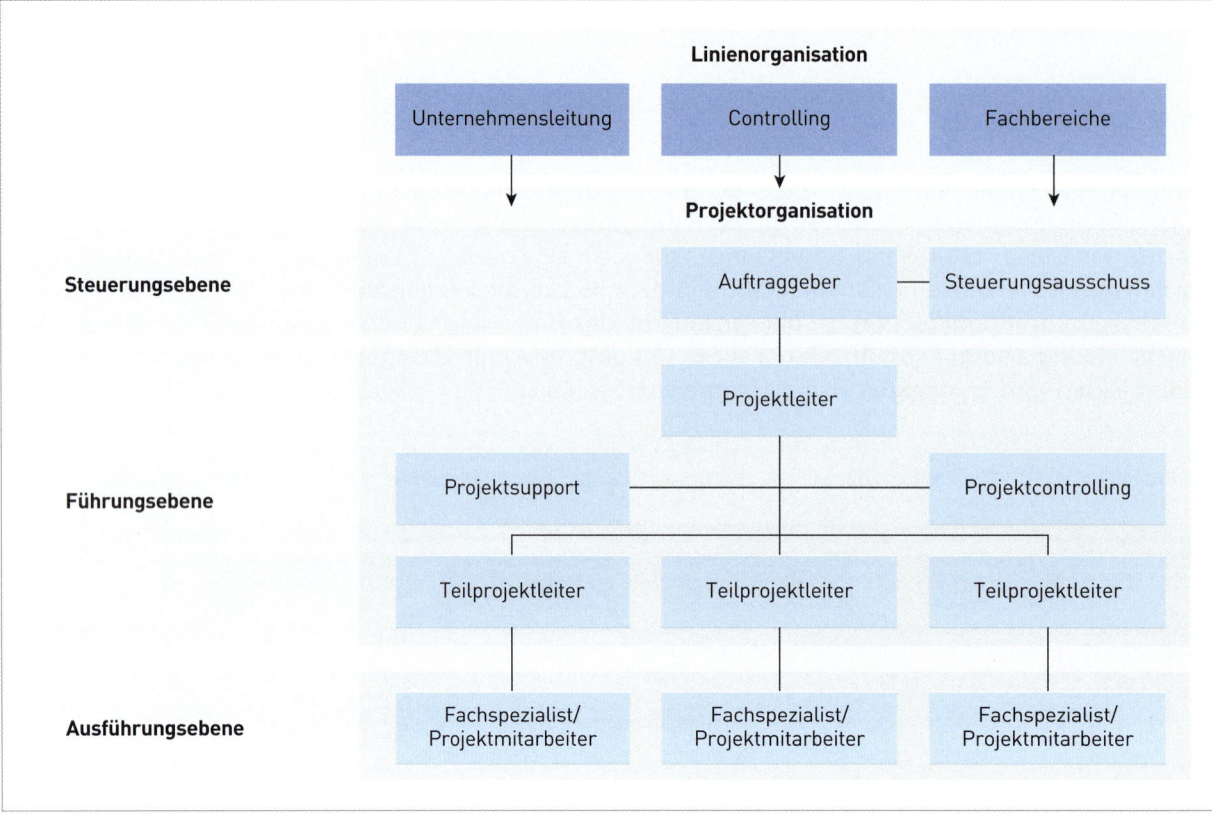

Quelle: Hermes©, www.isb.admin.ch/themen/methoden/01661/index.html?lang=de

Auftraggeber

Der Auftraggeber ist in der Regel der Initiant des Projekts. Das heisst, er hat grösstes Interesse, dass das Projekt erfolgreich umgesetzt wird. Soll z. B. ein neues Produktionswerk erstellt werden, um die Produktionskapazität zu erhöhen, dann ist der Leiter der Produktion der Hauptnutzniesser. Aus diesem Grund wird er mit der Rolle des Auftraggebers stellvertretend für die Unternehmensleitung beauftragt.

Aufgaben	Kompetenzen	Verantwortung
– Definiert Projektidee – Hilft mit, das Projekt zu initialisieren – Erstellt oder arbeitet mit am Projektauftrag – Stellt Mittel zur Verfügung – Stellt die Kommunikation gegen aussen sicher. Das heisst, er informiert die Entscheidungsinstanzen und stellt die Kommunikation im Unternehmen sicher.	– Verabschiedet die Projektorganisation – Besetzt den Projektleiter – Leitet den Steuerungsausschuss – Vertritt die Unternehmensinteressen gegenüber dem Projektleiter – Ist gegenüber dem Projektleiter weisungsbefugt – Abschliessen des Projekts	– Trägt die Verantwortung für die Wirtschaftlichkeit des Projekts gegenüber dem Unternehmen – Trägt die Verantwortung der Qualität und Konformität gegenüber dem Unternehmen Trägt die Verantwortung für den termingerechten Abschluss des Projekts

Steuerungsausschuss

Einerseits unterstützt der Steuerungsausschuss den Auftraggeber darin, die Vielschichtigkeit der unternehmerischen Bedürfnisse ausgewogen zu berücksichtigen. Andererseits stellt er das Mitspracherecht derjenigen Unternehmensbereiche sicher, die sich nicht oder nur ungenügend durch den Auftraggeber vertreten fühlen. Die Besetzung des Steuerungsausschusses sollte mit Linienvertretern besetzt werden, die hierarchisch dem Auftraggeber gleichgestellt sind. So ist es dem Steuerungsausschuss problemlos möglich, im Bedarfsfall entgegen dem Willen des Auftraggebers die Geschäftsleitung oder den Geschäftsführer zur Konfliktlösung beizuziehen.

Aufgaben	Kompetenzen	Verantwortung
– Ausgewogene Berücksichtigung der Unternehmensziele – Überwacht den Projektfortschritt – Überwacht die Verwendung der bewilligten Projektmittel – Unterstützt das Projektteam	– Beantragen der Anpassung von Mitteln – Auferlegen von Auflagen in Form von Anpassungen der Projektziele oder der Vorgehensweise etc. – Freigabe von Projektphasen – Antrag stellen auf Projektabbruch	– Wahrung der Unternehmensziele – Strategisch ausgewogene Steuerung des Projekts

Auftragnehmer/Projektleiter

Der Projektleiter ist verantwortlich für die Erreichung der vereinbarten Projektziele im Rahmen der zur Verfügung gestellten Mittel.

Aufgaben	Kompetenzen	Verantwortung
– Initialisiert das Projekt – Plant das Projekt – Steuert das Projekt – Stellt die Kommunikation innerhalb des Projekts sicher	– Projektstruktur festlegen – Besetzen der Projektorganisation – Beantragt die Freigabe von Projektphasen und Projektresultaten	– Ist verantwortlich für die Erreichung der Systemziele des Projekts – Ist verantwortlich für die Einhaltung der Vorgehens- und der Abwicklungsziele

Teilprojektleiter

Der Teilprojektleiter ist das Bindeglied zwischen dem Projektleiter und den Fachspezialisten. Er trägt die inhaltliche Verantwortung für den ihm zugewiesenen Fachbereich. Gleichzeitig ist er für den Einsatz der ihm unterstellten Mitarbeiter verantwortlich.

Aufgaben	Kompetenzen	Verantwortung
– Initialisiert das Teilprojekt – Plant das Teilprojekt – Steuert das Teilprojekt – Stellt die Kommunikation innerhalb des Teilprojekts sicher	– Struktur des Teilprojekts festlegen – Besetzen der Teilprojektorganisation – Bewertung und Empfehlung von Lösungsvarianten	– Ist verantwortliche für die Erreichung der Systemziele des Teilprojekts – Ist verantwortlich für die Einhaltung der Vorgehens- und der Abwicklungsziele des Teilprojekts

Projektcontrolling

Das Projektcontrolling stellt sicher, dass die Projektpläne (Qualität, Kosten, Zeit) kontinuierlich überwacht werden. Hierfür werden in Absprache mit dem Projektleiter eine geeignete Form sowie die Periodizität (z. B. monatlich) vereinbart. Beim Projektcontrolling handelt es sich um eine Stabsfunktion.

Aufgaben	Kompetenzen	Verantwortung
– Überwacht den Fortschritt der Systemziele – Überwacht die Einhaltung der Vorgehensziele – Überwacht die Einhaltung der Abwicklungsziele – Überwacht die Einhaltung von internen Auflagen bezüglich der Beschaffung und des Rechnungswesens	– Wahl der Hilfsmittel – Empfehlung für den inhaltlichen Aufbau und die Struktur des Controllingberichts	– Termingerechtes Zurverfügungstellen des Controllingberichts – Inhaltliche Korrektheit des Controllingberichts – Formale Meldepflicht von identifizierten Abweichungen gegenüber dem Projektleiter

Projektsupport

Der Projektsupport entspricht einer Stabsfunktion. Die Hauptaufgabe des Projektsupports ist es, dass sich die Projektmitarbeiter bestmöglich auf die Erfüllung ihrer Aufgabe konzentrieren können. Je besser die Unterstützungsleistung des Projektsupports wahrgenommen wird, desto höher ist die Effizienz des gesamten Projektteams.

Aufgaben	Kompetenzen	Verantwortung
– Pflegen Projektdokumentation – Organisation von Workshops – Erstellen von Berichten – Terminplanung und Koordination – Sicherstellung der Ablage der Projektdokumentation	– Wahl der Hilfsmittel – Empfehlung für den inhaltlichen Aufbau und die Struktur von Berichten	– Einhaltung der firmeninternen Auflagen bezüglich Form und Erscheinungsbild von Berichten – Einhaltung der firmeninternen Auflagen bezüglich Form und Erscheinungsbild der Projektdokumentation – Verfügbarkeit der Projektdokumentation über das Projektende hinaus

Fachspezialist/Projektmitarbeiter

Fachspezialisten oder Projektmitarbeiter sind diejenigen Projektvertreter, die an der inhaltlichen Erarbeitung sowie der Umsetzung des Projekts mitarbeiten. Sie verfügen über die erforderlichen Fach-, System oder Betriebskenntnisse, um Lösungen auszuarbeiten, zu realisieren und einzuführen.

Aufgaben	Kompetenzen	Verantwortung
– Sachgerechte Bearbeitung der zugewiesenen Aufgabe – Inhaltliche Aufbereitung der Ergebnisse	– Wahl der Lösungsansätze im Rahmen des zugewiesenen Sach- und/oder Fachbereichs	– Sachliche und inhaltliche Richtigkeit – Abstimmung der Lösungsansätze mit dem zuständigen Stakeholder

4.3.3   Projektauftrag

Der Projektauftrag bildet die Zielvereinbarung zwischen dem Auftraggeber des Projekts und dem für die Umsetzung des Projekts Verantwortlichen, in der Regel dem Projektleiter. Da Projekte eine erhebliche Menge an Mitteln (Personal, Investitionen und Zeit) beanspruchen und deren Umsetzung relativ lange dauern kann, lohnt es sich, die Ziele des Projekts schriftlich und strukturiert zu beschreiben. Die Form ist üblicherweise ein Projektauftrag mit folgendem Inhalt:

Thema	Erläuterung
Auftraggeber	Auftraggeber des Projekts
Auftragnehmer	Projektleiter des Projekts
Projektart	Beschreibt die Projektart, um die es sich beim Projekt handelt
Projektziele	Beschreibung der System- sowie der Vorgehens- respektive der Abwicklungsziele
Umschreibung	Beschreibung der Ausgangslage → Erläuterung, wieso es das Projekt braucht Beschreibung des Zielzustandes → Welcher Zustand wird nach erfolgreichem Projektabschluss eintreten?
Mittel	Welche Mittel werden dem Projekt zur Verfügung gestellt?
Projektphasen	Beschreibung, welche Projektphasen sowie Meilensteine vorzusehen sind
Projektorganisation	Beschreibung des Aufbaus der Projektorganisation

4.3.4   Projektplanung

Die Projektplanung basiert auf den Projektphasen sowie einem generischen prozessualen Vorgehen. Jedes Projekt benötigt jedoch eine spezifische Anpassung des prozessualen Vorgehens aufgrund der Einzigartigkeit eines jeden Projekts. Es ist zwingend erforderlich, dass Sie sich im Rahmen Ihrer Rolle als Technischer Kaufmann oder Technische Kauffrau eine persönliche Vorgehensweise zurechtlegen, die Ihren Bedürfnissen und Ihrem Verständnis entspricht. Im Hinblick auf die eidgenössische Berufsprüfung ist ein Verinnerlichen der Zusammenhänge und Inhalte in der nachfolgenden Darstellung ein wesentlicher Erfolgsfaktor für das Bestehen der Prüfung.

Nur wenn es Ihnen gelingt, die Zusammenhänge schnell abzurufen und auf konkrete Aufgabenstellungen anzuwenden, wird es Ihnen gelingen, die Aufgaben vollständig und in der knapp bemessenen Zeit zu lösen. Erstellen Sie aus diesem Grund ein persönliches Schema analog dem ersetzen durch nachfolgenden.

Projekt-phasen	MS 0 Initialisierung	MS 1	MS 2 Konzept	MS 3 Realisierung	MS 4 Einführung
Meilen-steine	– MS 0 Projektidee – MS 1 Projektfreigabe		MS 2 Freigabe Realisierung	MS 3 Freigabe Einführung	MS 4 Projektab-schluss
Inhalt/ Zweck der Phase	– Bedürfnisse/ Projektidee erkannt – Projektauftrag erstellen – Wirtschaftlichkeit prüfen – Projekt freigeben		– Lastenheft erstellen – Lösungsvarian-ten identifizie-ren und bewerten – Pflichtenheft erstellen – Machbarkeit prüfen/ beurteilen – Realisierungs-konzept erarbeiten – Wirtschaftlich-keit prüfen	– Realisierung – Einführungs-konzept erarbeiten – Betriebskon-zept erstellen – Testen der Teil- sowie Gesamtfunktion	– Schulung/ Vorbereitung der Inbetrieb-nahme – Inbetriebnah-me / allfällige Korrektur-massnahmen umsetzen – Abnahme durchführen – Übergabe des Projekts an die Linie – Projekt abschliessen
Projekt-resultate	Freigabe Projektauf-trag		– Projekt-Kick-off – Lösungsv-arianten – Pflichtenheft – Freigabe Realisierung	– Funktionstest – Einführungs-konzept – Freigabe Einführung	– Abnahme – Freigabe – Abschlussbe-richt – Übergabe

Projekt-doku-mente	Projektauftrag:
	– Zielsetzung
	– Phasen
	– Mittel
	– Organisation
	– Risikoabschätzung
			– Pflichtenheft
			– Projektplan
			  – Termin
			  – Kosten
			– Realisierungs-konzept
			– Statusbericht/ Review
				– Einführungs-konzept
				– Betriebskon-zept
				– Dokumentation Testergebnisse
				– Statusbericht/ Review
					– Abnahmeproto-koll
					– Übergabepro-tokoll
					– Projektab-schlussbericht/ Review

Quelle: Jürg Kuster et. al. (2008): Handbuch Projektmanagement, 2. Auflage, Springer-Verlag, Berlin

Planung ersetzt den Zufall durch den Irrtum. (Albert Einstein)

Wieso ist es besser, sich zu irren, als die Dinge dem Zufall zu überlassen? Jede Planung sollte deutlich bessere Resultate liefern, als den Erfolg eines Projekts dem Zufall zu überlassen. Gleichzeitig sind die Mittel in einem Projekt begrenzt. Wenn Mittel begrenzt sind, ist ein sorgsamer Umgang ein zentraler Er-folgsfaktor. Denn man kann nur effizient sein, wenn man mit den zur Verfügung stehenden Mitteln zielge-richtet umgeht. Hierfür benötigt man einen guten Überblick über alle Aktivitäten, deren Ablaufreihenfolge und deren Mittelbedarf. Projektplanung ermöglicht es, diesen Überblick zu gewinnen.

Die Projektplanung ist die zentrale Aufgabe des Projektmanagements. Management im Allgemeinen um-fasst alle Führungsaufgaben, um eine Organisation so aufzustellen, dass ein Ziel möglichst effizient er-reicht wird. Auf ein Projekt angewendet bedeutet das, dass alle relevanten Aktivitäten vom Projektleiter geplant, delegiert und deren Durchführung überwacht werden. Hierzu bildet die Planung der einzelnen Planungsdimension das Fundament.

Was wird geplant?

Die Planung eines Projekts muss die Grundlage schaffen, dass die Systemziele möglichst effizient erreicht werden. Hierfür werden Systemziele und Vorgehens- respektive Abwicklungsziele festgelegt.

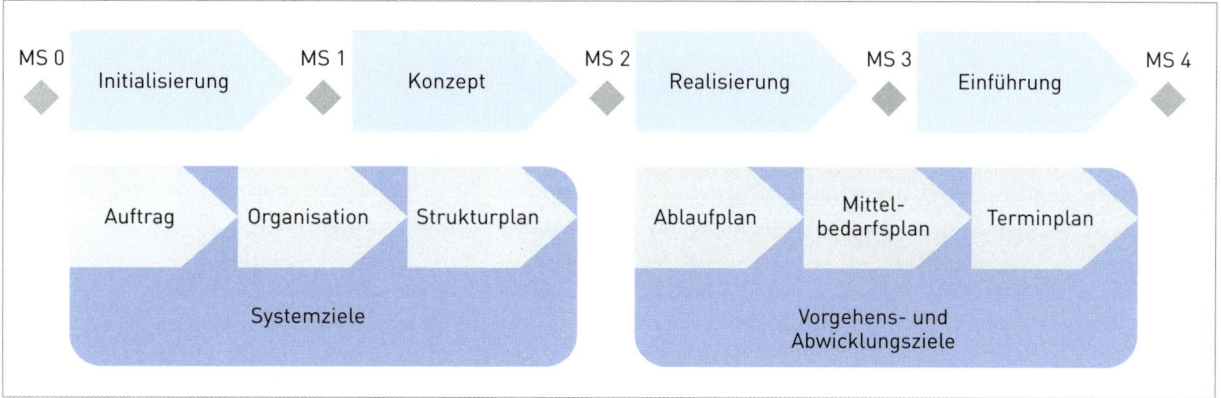

Damit ein Projekt erfolgreich abgeschlossen werden kann, müssen alle Zieldimensionen eingehalten werden. Aus diesem Grund werden für die unterschiedlichen Zieldimensionen separate Pläne zur Steuerung der Zielerreichung erstellt:

Planungselemente	Erläuterung, Beschreibung
Projektstrukturplan	Der Projektstrukturplan beschreibt, in welche Teile die Lösung der Aufgabe zerlegt wird.
Projektablaufplan	Der Projektablaufplan beschreibt die Ablaufreihenfolge (Chronologie) der einzelnen Realisierungsschritte sowie allfällige Abhängigkeiten zwischen den einzelnen Schritten des Gesamtablaufs.
Projekt-Mittelbedarfsplan	Der Projekt-Mittelbedarfsplan beschreibt die zur Bearbeitung der einzelnen Realisierungsschritte erforderlichen Mittel.
Projekt-Terminplan	Der Projekt-Terminplan beschreibt den Zeitpunkt respektive das Zeitfenster, wann einzelne Realisierungsschritte stattfinden werden.

Wie hängen die Planungsschritte zusammen?

Die Basis für die Projektplanung bilden der Projektauftrag sowie die Projektorganisation. Abgestützt darauf wird die Vorgehensweise gewählt, wie das Projekt sinnvollerweise umgesetzt wird. Umsetzen bedeutet in diesem Fall, in welche Teilaufgaben das Projekt zerlegt wird. Die Art der Zerlegung wird im Projektstrukturplan festgelegt. Auf der Basis des Projektstrukturplans werden der Projektablauf im Detail, die erforderlichen Mittel sowie die Termine geplant. Es kann sein, dass man aufgrund der Gestaltung des Projektstrukturplans zu Erkenntnissen gelangt, die eine Anpassung der Projektorganisation und/oder des Projektauftrags erfordern (gestrichelte Linien). Anpassungen des Projektauftrags oder der Projektorganisation können nur in Absprache mit dem Auftraggeber erfolgen.

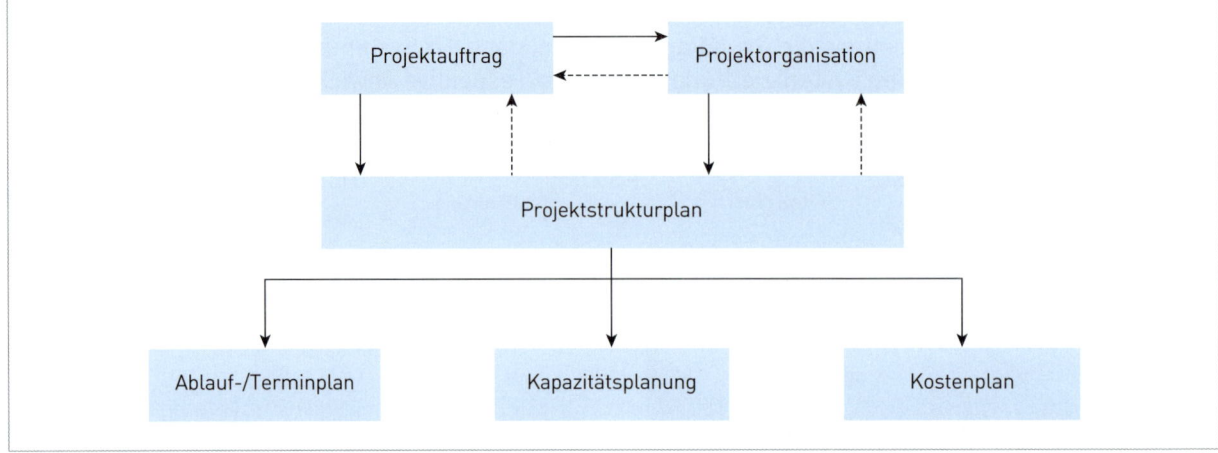

4.3.5 Das magische Dreieck

Das Dreieck entsteht durch die Verbindung der drei Ziele, die durch den Projektauftrag auf der jeweiligen Achse definiert werden. Die Dreiecksfläche beschreibt die Kombination, mit der alle Projektziele erreicht werden. Magisch wird das Dreieck durch den Umstand, dass ein einzelner Eckpunkt sich nur dadurch verschieben lässt, indem die anderen zwei Eckpunkte ebenfalls verschoben werden.

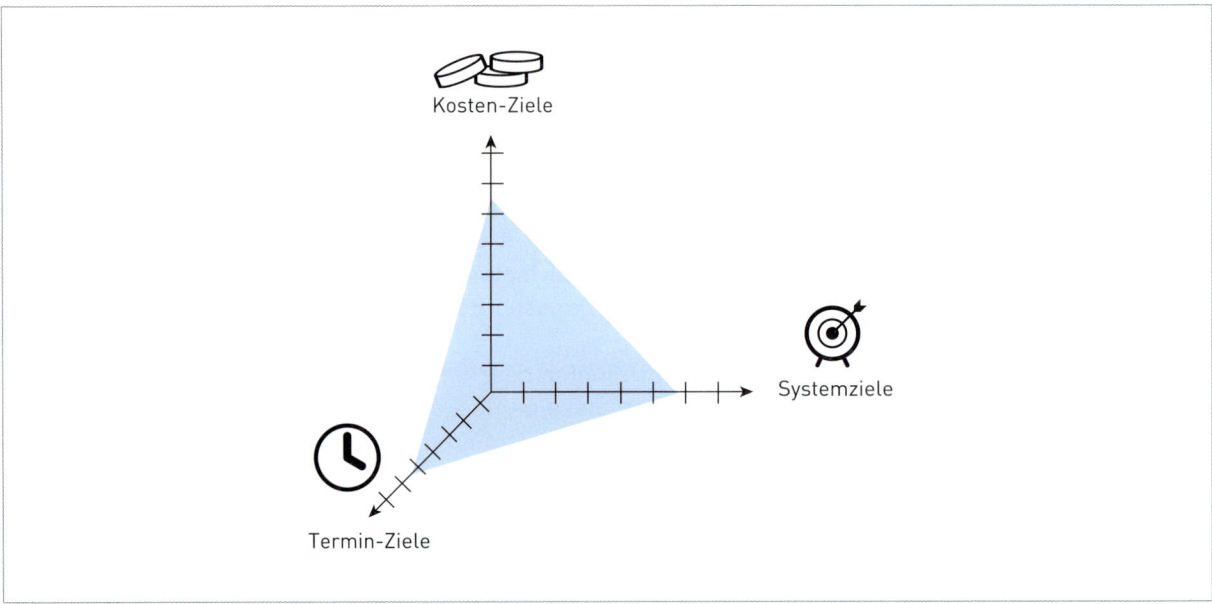

Werden Sie als Projektleiter beispielsweise während der Umsetzung des Projekts durch den Auftraggeber aufgefordert, das Projekt viel früher als geplant abzuschliessen, ändert sich dadurch das Termin-Ziel. Als Konsequenz daraus ändern sich auch die anderen Ecken des Dreiecks zwangsläufig mit. Das heisst, um den früheren Endtermin zu ermöglichen, muss der Realisierungsaufwand in wesentlich kürzerer Zeit als ursprünglich geplant geleistet werden. Dies kann nur dadurch erreicht werden, indem Überstunden durch die Projektmitarbeiter geleistet werden und/oder durch den Einsatz zusätzlicher Mitarbeiter. Die Überstunden und/oder die Stunden, die von zusätzlichen Mitarbeitern geleistet werden, erhöhen den Realisierungsaufwand und damit auch die Kosten. Dies gilt unter der Annahme, dass die Aufwandschätzungen respektive die Planung korrekt waren. Dieser Sachverhalt ist grafisch daran zu erkennen, dass die ursprünglichen Systemziele sich nicht verändern, der Zeitaufwand sowie die Kosten sich durch die neue Terminvorgabe jedoch erhöhen. Die Fläche des magischen Dreiecks wird dadurch vergrössert, das widerspiegelt die Auswirkung eines früheren Endtermins auf die Gesamtkosten bei unveränderten Systemzielen.

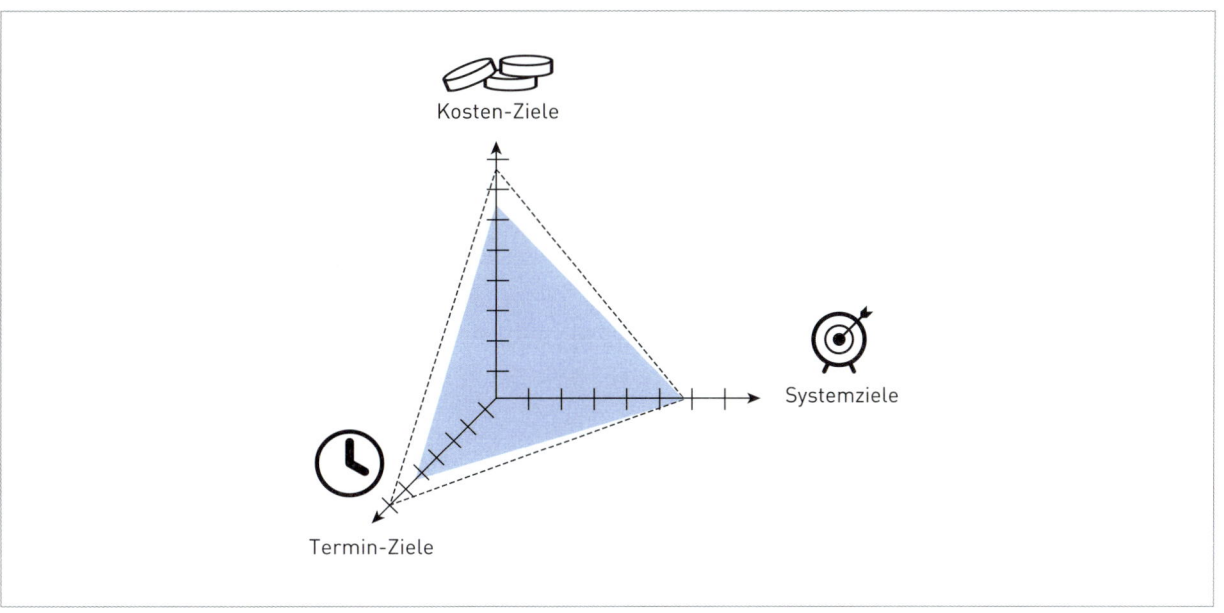

Eine alternative Lösung unter Berücksichtigung des magischen Dreiecks wäre, wenn man den Errei-chungsgrad der Systemziele so weit reduziert, bis der Realisierungsaufwand respektive die resultieren-den Plankosten der ursprünglichen Dreiecksfläche entsprächen.

> In jedem Fall müssen Sie in Ihrer Rolle als Projektleiter auf einer Anpassung des Projektauftrags bestehen, ansonsten tragen Sie die Konsequenzen für das Verfehlen der Projektziele. Entweder gesteht Ihnen der Auftraggeber eine Erhöhung der Kosten oder eine Reduktion der Systemziele zu.

4.3.6 Kapazitätstreu oder termintreu

Im Zusammenhang mit dem magischen Dreieck haben wir die Abhängigkeit zwischen den Projektzielen, der Projektdauer und den Projektkosten erkannt. Massnahmen zur Minimierung von Abweichungen wirken sich aufgrund der Abhängigkeiten unmittelbar auf die anderen Zielgrössen des magischen Dreiecks aus. Plane-risch gibt es zwei Möglichkeiten, auf Abweichungen zu reagieren: Entweder erhöht man die geplanten Res-sourcen (Kapazitätsanpassung) oder man verlängert die Projektdauer. Die Kompetenz der Steuerung der beiden Freiheitsgrade obliegt in der Regel nicht dem Projektleiter. Die Mitarbeiter der Projektorganisation sind ihm in meisten Fällen nicht direkt unterstellt. Das heisst, er ist ihnen gegenüber nicht weisungsbefugt, wenn es darum geht, die Einsatzplanung zugunsten des Projekts zu erhöhen. Der Linienvorgesetzte des Projektmitarbeiters hat ebenfalls mit den vorhandenen Ressourcen einen Leistungsauftrag zu erfüllen und ist deshalb ebenfalls nicht frei in der Ressourcenzuteilung. Andererseits ist der Projektendtermin in der Praxis auch nicht frei wählbar. Die rechtzeitige Verfügbarkeit der Projektziele bildet die Voraussetzung für den Unternehmenserfolg. Oftmals geht es darum, ein neues Produkt rechtzeitig auf dem Markt anbieten zu können. Rechtzeitig bedeutet: vor der Konkurrenz. Ist ein Mitbewerber schneller, sinken die Chancen, das eigene Produkt erfolgreich am Markt positionieren zu können. Dieser Umstand wird häufig als «time to mar-ket» oder «window of opportunity» bezeichnet. Um diesem Dilemma entgegenzuwirken, muss mit dem Auftraggeber im Rahmen der Auftragsklärung vereinbart werden, welcher Freiheitsgrad dem Projektleiter zur Verfügung steht. Dieser muss die allfälligen Einschränkungen in seinem Handeln zur Projektsteuerung berücksichtigen. Hieraus lassen sich die Planungsstrategien ableiten:

Priorisierungsprinzip im magischen Dreieck	Planungsprinzip	Beschreibung
Projektdauer ist wichtiger als die Projektkosten.	Termintreue Planung	Das bedeutet, dass die Ressourcen im Bedarfsfall erhöht werden, um eine Verschiebung des Projektendtermins zu vermeiden.
Projektkosten sind wichtiger als die Projektdauer.	Kapazitätstreue Planung	Das bedeutet, dass sich der Projektendtermin verzögert, falls es zu Planabweichungen kommt.

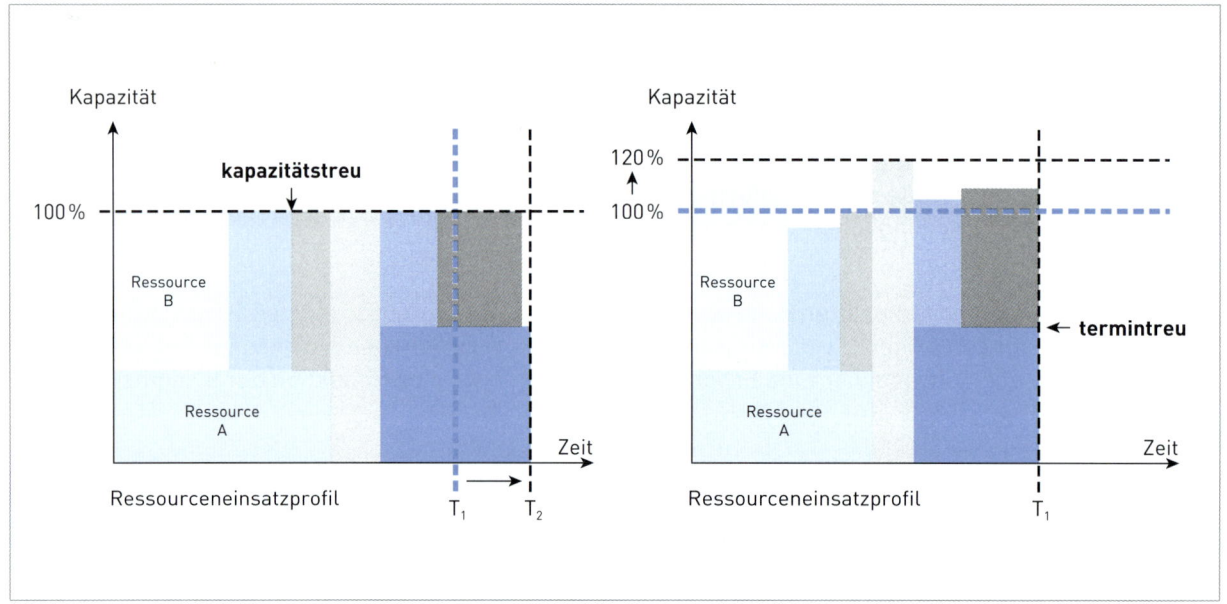

Quelle: Jürg Kuster et. al. (2008): Handbuch Projektmanagement, 2. Auflage, Springer-Verlag Berlin

Notizen

Kommunikation

Kapitel 5

5 Kommunikation

5.1 Geschäftsbriefe

Genereller Aufbau von Geschäftsbriefen:

Element	Beschreibung
Logo, Firmenname	Name der Firma
Adresse	Firmenadresse
Kundenadresse	Adresse des Kunden Firmenname Ansprechpartner mit Herr oder Frau Adresse
Ort und Datum	Zürich, 10. Januar 2015
Betreffzeile	Aussagekräftige Überschrift auf einer Zeile
Anrede	Sehr geehrte(r) Frau/Herr xy
Inhalt	Kurze, klare Sätze
Grussformel	Freundliche Grüsse Name der Person, die das Unternehmen gegen aussen vertritt
Beilagen	Linksseitige Aufzählung, ohne den Begriff «Beilagen» zu erwähnen. Für jede Beilage wird eine separate Zeile verwendet. Die Zeile wird mit einem Bindestrich eingeleitet.

5.2 Werbung

Element	Beschreibung
Logo, Firmenname	Name der Firma
Adresse	Firmenadresse
Kundenadresse	Adresse des Kunden Firmenname Ansprechpartner mit Herr oder Frau Adresse
Ort und Datum	Zürich, 10. Januar 2015
Betreffzeile	Aussagekräftige Überschrift auf einer Zeile
Anrede	Sehr geehrte(r) Frau/Herr xy

Inhalt	Was? Wo? Wann? Wer?
Grussformel	Freundliche Grüsse
Beilagen	Linksseitige Aufzählung, ohne den Begriff «Beilagen» zu erwähnen. Für jede Beilage wird eine separate Zeile verwendet. Die Zeile wird mit einem Bindestrich eingeleitet.

5.3 Medienarbeit, Informationskanäle

Massnahme	Beschreibung
Lokalradio	– Live-Berichterstattung vor Ort – Veranstaltungshinweis
Regionalfernsehen	– Live-Berichterstattung vor Ort – Veranstaltungshinweis
Tageszeitungen	– Bericht über Veranstaltung – Veranstaltungshinweis – Werbung
Fachzeitschrift	– Fachartikel – Hintergrundbericht – Werbung – Veranstaltungshinweis
Plakate	– Werbung – Veranstaltungshinweis
E-Mail	– Werbung – Veranstaltungshinweis
Social Media	– Facebook-Firmenauftritt – Twitter

5

Kommunikation

5.4 Mitarbeiterinformation

Der Austausch zwischen den Mitarbeitern und dem Vorgesetzten findet immer statt. Die Form des Austauschs prägt das Arbeitsklima sowie die Qualität der Zusammenarbeit entscheidend mit. Aus diesem Grund muss sich jede Führungskraft sehr bewusst mit der zielgerichteten Gestaltung ihres Informations- respektive Kommunikationsverhalten auseinandersetzen.

Von Information spricht man, wenn der Austausch nur in eine Richtung erfolgt. Das heisst zum Beispiel, dass nur vom Vorgesetzten zum Mitarbeiter Informationen übertragen werden und nicht umgekehrt.

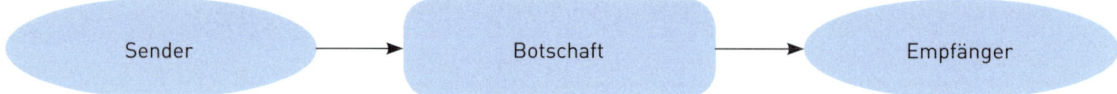

Von Kommunikation spricht man, wenn der Austausch zwischen beiden Kommunikationspartnern in beiden Richtungen erfolgt. Das heisst vom Vorgesetzen zum Mitarbeiter und umgekehrt.
Damit Information die bestmögliche Wirkung erzielen kann, muss sie:

– offen und möglichst direkt,
– wahr,
– zum richtigen/erforderlichen Zeitpunkt
– allen Betroffenen zugänglich und
– für alle Betroffenen verständlich sein.

Die Handhabung des Mittels bestimmt häufig, ob es sich um ein Informations- oder ein Kommunikationsmittel handelt.

Informationsmittel	Ausprägungen
Schriftliche Information	Protokolle
	Weisungen, Verordnungen
	Informationsschreiben
	Aktennotizen
	Publikationen (Fachartikel)
	Berichte (Jahresberichte, Abschlussberichte)

Kommunikationsmittel	Ausprägungen
Mündliche Information	Einzelgespräche (Zielvereinbarungsgespräch)
	Gruppengespräche (Teamaussprache)
	Mitarbeiterinformationsanlass
	Sitzungen
	Fachforum/Vortrag/Präsentation
	Ausbildungs- und Einführungskurse

5

Kommunikation

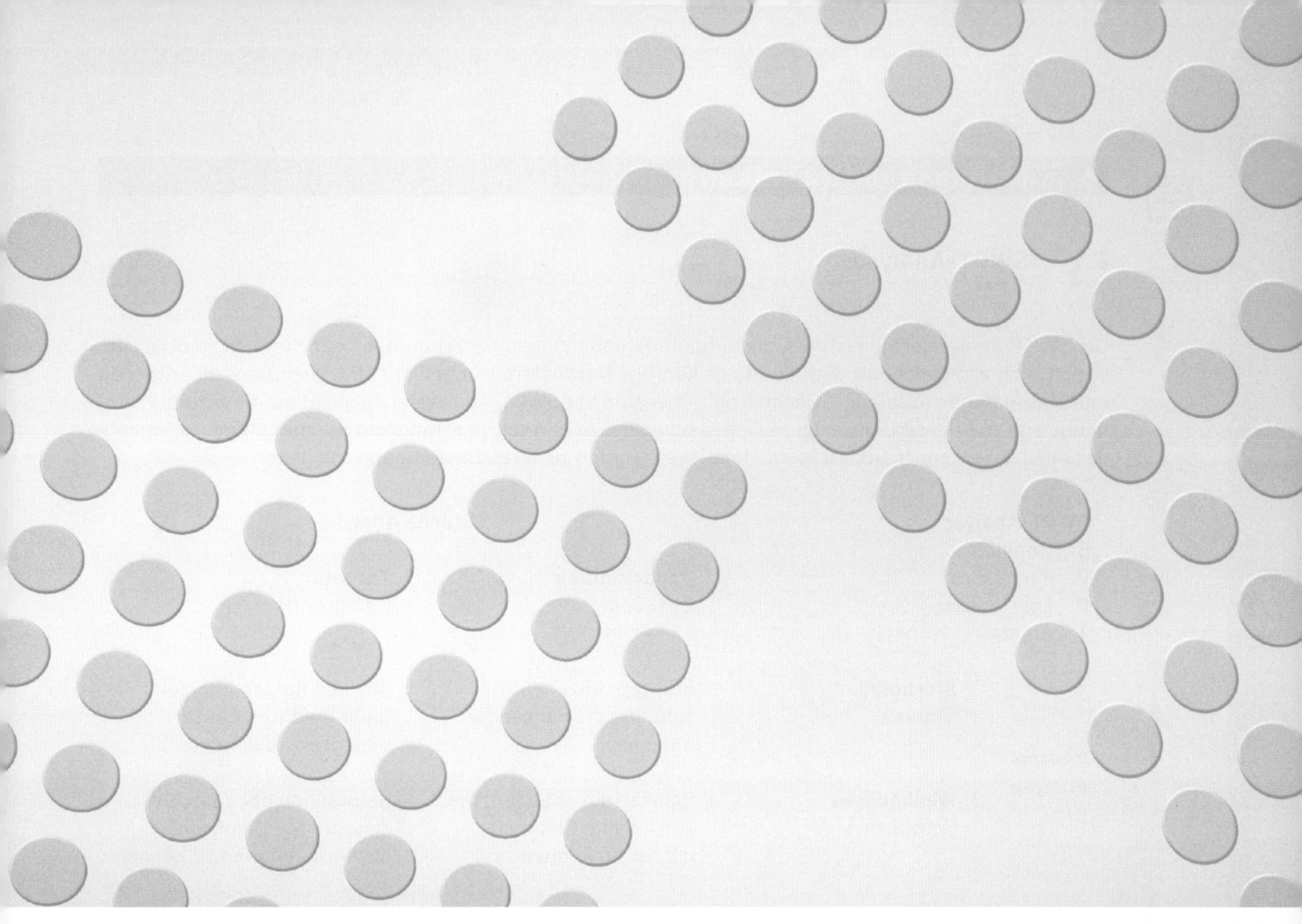

Managementtechniken

Kapitel 6

6 Managementtechniken

6.1 SWOT-Analyse

Die SWOT-Analyse ermöglicht es, die aktuelle Situation eines Unternehmens ganzheitlich zu erfassen. Gleichzeitig ermöglicht die Methode es, zukünftige Herausforderungen des Unternehmens zu erkennen und Massnahmen abzuleiten. Die interne Dimension der SWOT-Analyse ermöglicht es, die aktuelle Ausgangslage zu erfassen. Die externe Dimension der SWOT-Analyse ermöglicht es, zukünftige Herausforderungen zu erkennen und zielgerichtete Massnahmen zu deren Bewältigung abzuleiten.

SWOT-Analyse **S** trengths **W** eaknesses **O** pportunities **T** hreats		Externe Analyse	
		Opportunities Chancen	**Threats** Gefahren/Risiken
Interne Analyse	**Strengths** Stärken	Stärken nutzen, um zukünftige Chancen zu nutzen	Stärken nutzen, um zukünftigen Gefahren besser begegnen zu können
	Weaknesses Schwächen	Schwächen abbauen, um zusätzliche Chancen nutzen zu können	Schwächen abbauen, um zukünftigen Gefahren besser begegnen zu können

6.2 Selbstmanagement

Die Steuerung der eigenen Aufgaben und der Umgang mit der eigenen Arbeitszeit, insbesondere in der Rolle als Vorgesetzter, sind von entscheidender Bedeutung für die resultierende Wirkung der eigenen Handlung. Aus diesem Grund lohnt es sich, konsequent und wiederkehrend das eigene Handeln bezüglich des bestmöglichen Umgangs mit der zur Verfügung stehenden Zeit zu hinterfragen. Hierzu eigenen sich zwei einfache und mächtige Methoden.

6.2.1 Eisenhower-Matrix

Es erstaunt nicht, dass insbesondere in Krisenzeiten der Fragestellung, wie man als Führungskraft mit der zur Verfügung stehenden Zeit die grösste Wirkung erzielt, eine zentrale Bedeutung zukommt. Zeit ist eines der wenigen Güter, das sich weder vermehren noch konservieren lässt. Umso weniger erstaunt, dass der Erfinder der Methode ein General währenden des Zweiten Weltkrieges war (Dwight Eisenhower). Um seine Zeit möglichst wirkungsvoll zu nutzen, teilte er seinen Schreibtisch in vier Felder auf. Entlang der zwei Dimensionen Dringlichkeit und Wichtigkeit priorisierte er konsequent seine Führungshandlungen.

		Dringlichkeit	
		Nicht dringend	**Dringend**
Wichtigkeit	**Wichtig**	Planen und selber erledigen	Sofort selber erledigen
	Nicht wichtig	Nicht bearbeiten	Delegieren an kompetente Mitarbeiter

6.2.2 Pareto-Prinzip

Eine weitere wertvolle Methode zur Optimierung des Zeiteinsatzes ist die Tatsache, die Vilfredo Pareto bereits gegen Ende des 18 Jahrhunderts entdeckte. Er fand heraus, dass viele Dinge dem 80/20-Gesetz folgen. Angewendet auf das Thema Zeitmanagement bedeutet das Pareto-Prinzip, dass die Erreichung eines Sachziels in der Regel nicht linear mit der zur Verfügung stehenden Zeit erfolgt. Sondern vielmehr, dass 80 % eines Sachzieles mit 20 % der geplanten Ressourcen erreicht werden können. Häufig verfolgen wir zu anspruchsvolle Sachziele (höherer Qualitäts- oder Mengenanspruch, als unbedingt erforderlich ist). Wenn wir uns bewusst mit 80 % Zielerreichung zufriedengeben, kann das die zur Verfügung stehenden Ressourcen markant entlasten. Mit den nicht beanspruchten Ressourcen können andere Sachziele in der gleichen Zeit verfolgt respektive erreicht werden. So kann mit der zur Verfügung stehenden Zeit und den materiellen Ressourcen insgesamt mehr Wirkung erzielt werden.

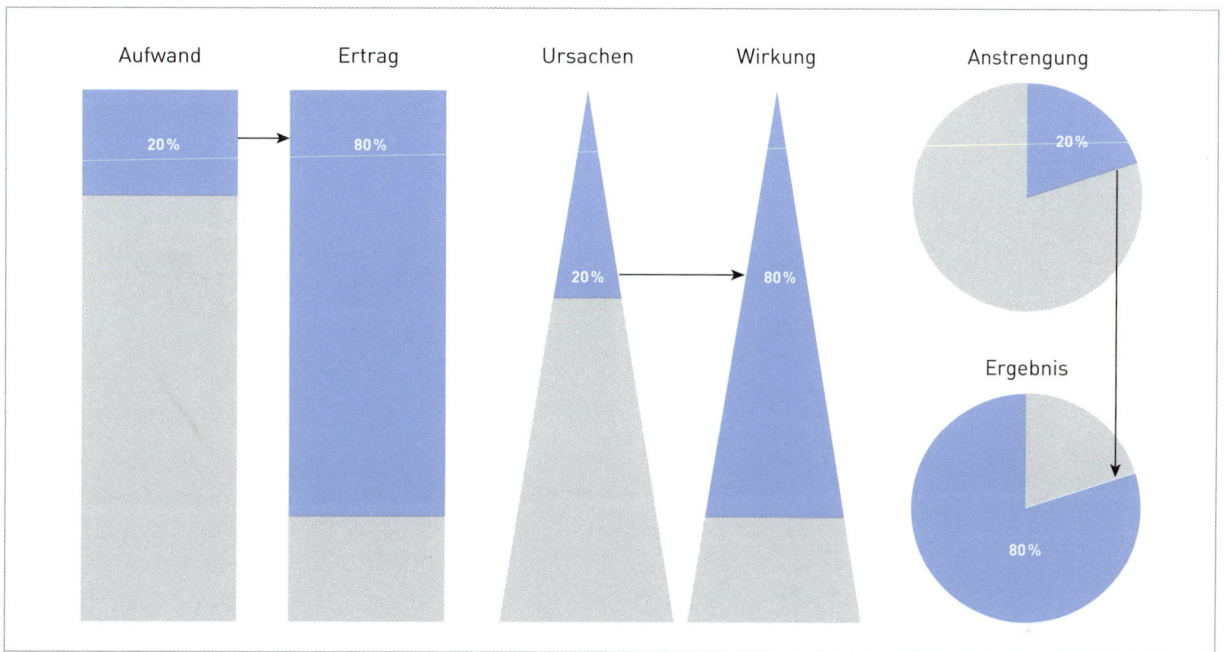

Quelle: Richard Koch (2004): Das 80/20-Prinzip, 2. Auflage, Campus Verlag, Frankfurt

Allgemeine Fallstudie – Testprüfung FOK

Kapitel 7

7 Allgemeine Fallstudie - Testprüfung FOK

Fallstudie Lastwagen Garage Kurz AG[1]

Die Lastwagen Garage Kurz AG ist ein Familienbetrieb in dritter Generation mit Sitz in Hochdorf (AG). Geführt wird die Garage durch die beiden Brüder Peter und Paul Kurz. Im Jahr 2002 übergab der Inhaber der zweiten Generation den Betrieb an die beiden Söhne. Die Firma beschäftigt insgesamt 19 Mitarbeiter, wovon sich vier in Ausbildung befinden. Beide Geschäftsinhaber verfügen über die Meisterprüfung.

Die Lastwagen Garage Kurz AG führt folgende Geschäftsfelder:

- Markenvertretung DAF
- Die Lastwagen Garage Kurz AG ist ein offizieller DAF-Vertriebspartner. Im letzten Jahr wurden 22 Fahrzeuge verkauft, was einem Rückgang von 15 % gegenüber dem Vorjahr entspricht. Der Rückgang wird auf die verschärften gesetzlichen Rahmenbedingungen im Hinblick auf die Euronorm 6 zurückgeführt. Für das nächste Jahr soll die Fahrzeugpalette diese Auflagen erfüllen. Die Absatzmenge sollte sich auf das Niveau des Vorjahres erholen. DAF ist ein innovativer Lkw-Hersteller insbesondere im Bereich Kühl- und Tankfahrzeuge.
- Markenvertretung MAN
- Die Lastwagen Garage Kurz AG ist ein offizieller MAN-Vertriebspartner. Im letzten Jahr wurden 40 Fahrzeuge verkauft, was der Absatzmenge des Vorjahres entspricht. MAN ist ein kostengünstiger Anbieter einer breiten Nutzfahrzeugpalette.
- Fahrzeugbau
- Im Bereich Sonderbau konnten wichtige Kunden hinzugewonnen werden. Davon profitierte insbesondere der Bereich Strassenunterhaltsfahrzeuge (Schneeräumung).
- Unterhalt
  - Reparaturen und Service an Nutzfahrzeugen aller Marken
  - 24-Stunden-Notfalldienst mit Servicefahrzeug für Vorort-Einsatz
  - Motorfahrzeugkontrolle-Vorbereitung (MFK-Vorbereitung)
  - Reifenservice

Es werden vier Lernende beschäftigt, je zwei Lastwagenmechaniker und zwei Mechatroniker. Die Finanzbuchhaltung sowie der Betrieb der IT-Infrastruktur (Webauftritt, Server- und Client-PC-Infrastruktur der Firma, Internetzugang) werden durch externe Partnerfirmen sichergestellt. Es handelt sich um die Treuhand Meier AG und den IT-Dienstleister Superfix GmbH. Die Firma weist vier Abteilungen auf:

- Verkauf DAF und
- Verkauf MAN mit je einem Verkäufer
- Reparaturabteilung mit drei Teams:
  - MFK-Vorbereitung (zwei Mitarbeiter)
  - Reifenservice (ein Mitarbeiter)
  - Servicearbeiten (fünf Mitarbeiter)
- Fahrzeugbau (sechs Mitarbeiter)

Die Geschäftsinhaber haben im Rahmen der jährlich stattfindenden Strategietagung die Ausgangslage hinterfragt und in einer SWOT-Analyse zusammengefasst:

---

1 Alle Namen sowie die inhaltlichen Angaben zur Firma sind frei erfunden.
Quelle Absatzmengen Fahrzeugmarkt 2013 www.schweizer-fahrzeugmarkt.ch/ S. 24–25

Stärken

- Starke Marktposition
- Gute regionale Verankerung
- Hohe Kundenzufriedenheit insbesondere im Bereich der Qualität und der Zuverlässigkeit
- Die breit gefächerte Dienstleistungspalette sowie die Zwei-Marken-Strategie ermöglicht es, konjunkturell bedingte Schwankungen auszugleichen.
- Die Sonderdienstleistungen im Bereich MFK (Motorfahrzeugkontrolle) und der Sonderbau ermöglichen eine Differenzierung am Markt.

Schwächen

- Der Showroom entspricht nicht den heutigen Kundenerwartungen. Die Importeure verlängern den Vertrag für die Markenvertretung nur, falls ihre Gestaltungsauflagen erfüllt werden.
- Ungenügende Platzverhältnisse im Bereich Sonderbau
- IT und Auftragsabwicklungssystem sind veraltet.
- Geringe Marketingaktivitäten
- ISO 9000-Zertifizierung

Chancen

- Sonderbau von Nutzfahrzeugen kann auf neue Geschäftsfelder ausgebaut werden, z. B. Chemietransport, Feuerwehrfahrzeuge.
- Ein grosses, überregionales Verteilzentrum von Coop Schweiz soll in unmittelbarer Nähe der Firma gebaut werden.
- Laufende Verschärfung der Umweltauflagen (Abgasnormen etc.) führen zu kürzeren Lebenszyklen der Fahrzeuge.
- Verschärfung der Hygienevorschriften im Bereich Kühlfahrzeuge (lückenlose Temperaturüberwachung und Nachweis entlang der Kühlkette)
- Der neue Showroom soll als Event-Location genutzt werden können und so neue Kundensegmente sowie Laufkundschaft erschliessen.
- ISO 9000-Zertifizierung

Gefahren

- Der Vertrieb der Nutzfahrzeuge wird vermehrt durch die Importeure oder Hersteller selbst wahrgenommen.
- Der Bestand an Nutzfahrzeugen ist seit über fünf Jahren stabil in der Schweiz. Die Eröffnung der NEAT könnte zu einer weiteren Reduktion der Anzahl der immatrikulierten Nutzfahrzeuge führen.

Offene Fragen

- Soll der Showroom renoviert und ausgebaut werden?
- Soll die Infrastruktur zur Erfüllung der verschärften Prüfkriterien beschafft werden (Lenkgeometrie und Spurmessung, Rüttelplatte zur Prüfung des Fahrwerks)?
- Wann sollen die IT und das Auftragsabwicklungssystem erneuert werden und durch wen?

Aufgaben zu Kapitel 7

Aufgabe 1 (36 Punkte)

a) Sie führen im Auftrag der Brüder Peter und Paul Kurz eine Standortbestimmung hinsichtlich der weiteren strategischen Ausrichtung durch. Ziel ihrer Analyse ist es, im Rahmen der nächsten Strategietagung die mögliche Weiterentwicklung des Unternehmens zu planen. Beurteilen Sie die folgenden Geschäftsbereiche und ergänzen Sie die Tabelle mit je zwei Antworten (in Stichworten):

Geschäftsbereich	Chancen	Gefahren
Verkauf DAF/MAN		
Reparatur MFK		
Reparaturen		

Geschäftsbereich	Chancen	Gefahren
Sonderbau		

Lösung S. 152

b) Sie wurden von Paul Kurz beauftragt, dessen persönliche Pendenzen stellvertretend korrekt zu planen. Markieren Sie in die entsprechende Spalte mit «x», wer für die Erledigung verantwortlich ist:

Aufgabe	Persönlich erledigen	Delegieren
Erstellen der Stellenbeschreibung für alle Abteilungsleiter		
Plan für den Ausbau der MFK-Infrastruktur erstellen		
Schulung planen und durchführen, um die neuen Prüfmittel im Bereich MFK zu beherrschen		
Erstellung eines Konzepts für einen Kundenevent		
Entwurf für Absatz/Umsatzplanung für das Folgejahr erstellen		
Bestehende Serviceverträge (Kundenverträge) erneuern		
Mitarbeitergespräche durchführen		

Lösung S. 153

Allgemeine Fallstudie - Testprüfung FOK

7

c) Paul Kurz kämpft mit gesundheitlichen Problemen. Beide Brüder möchten aufgrund ihres Alters kürzertreten. Ihre Söhne befinden sich jedoch noch in Ausbildung und sind erst in ca. zehn Jahren in der Lage, in die Fussstapfen ihrer Väter zu treten. Um die Zeit zu überbrücken, suchen die Geschäftsinhaber einen Geschäftsführer als Übergangslösung. Welche Anforderungen müsste ein Geschäftsführer aus Ihrer Sicht erfüllen?

Bitte nennen Sie je drei Führungsfähigkeiten, Kenntnisse von relevanten Führungssystemen sowie fachliche Qualifikationen, die ein geeigneter Kandidat aufweisen sollte.

Eigenschaften	Bezeichnung in Stichworten
Führungsfähigkeiten	
Anwendungskompetenzen der Führungssysteme	
Fachliche Qualifikation	

Lösung S. 154

d) Die beiden Geschäftsinhaber Peter und Paul Kurz möchten basierend auf den im Rahmen der Strategietagung identifizierten Massnahmen das Unternehmen weiterentwickeln. Als Entscheidungsgrundlage, welche Massnahmen umgesetzt werden, benötigen sie Grobkonzepte. Jedes Grobkonzept soll die wichtigsten Vorgehensschritte, das erwartete Ergebnis, die Zuständigkeit sowie die Risiken beinhalten.

Beschreiben Sie die einzelnen Aspekte in Stichworten.

Grobkonzept 1:
Infrastruktur aufbauen, um die verschärften Auflagen für die MFK technisch erfüllen zu können:

Vorgehens schritt Nr.	Beschreibung	Ergebnis	Zuständigkeit	Risiko
1				
2				
3				
4				

Lösung S. 155

Grobkonzept 2:
Showroom erneuern, um das Kundenerlebnis zu verbessern:

Vorgehens schritt Nr.	Beschreibung	Ergebnis	Zuständigkeit	Risiko
1				
2				
3				
4				

Lösung S. 156

Allgemeine Fallstudie – Testprüfung FOK

7

e) Nennen Sie drei Ihnen bekannte Personalführungssysteme und beschreiben Sie deren Prinzip stichwortartig.

Konzept	Beschreibung

Lösung S. 157

f) Der Führungssystem Typ Management by Objectiv (MbO) eignet sich aufgrund der Vielfalt an unterschiedlichen Zieldimension der einzelnen Mitarbeiter sowie der sehr unterschiedlichen AKV am besten. Wählen Sie ein Führungssystem aus, das sich für alle Positionen/Mitarbeiter der Garage Lastwagen Garage Kurz AG gleichermassen eignet. Beschreiben Sie für das von Ihnen gewählte Führungssystem, wie der Prozess inhaltlich abläuft.

Nr.	Beschreibung Prozessschritt
1	
2	
3	
4	
5	
6	

Lösung S. 157

Allgemeine Fallstudie - Testprüfung FOK

7

g) Sie werden von Peter und Paul Kurz gebeten, einen Entwurf für ein Formular zu erstellen, das den MbO-Prozess (Management by Objectives) unterstützt/abbildet. Nennen Sie fünf wichtige Elemente und beschreiben Sie diese in Stichworten.

Elemente	Beschreibung

Lösung S. 158

Aufgabe 2 (44 Punkte)

a) Erstellen Sie das Organigramm der Lastwagen Garage Kurz AG, basierend auf den Angaben der Fallstudie.

Lösung S. 159

b) Komplettieren Sie das nachfolgende Funktionsdiagramm der Lastwagen Garage Kurz AG, basierend auf den Angaben der Fallstudie. Ordnen Sie jeder Aufgabe gemäss der RACI-Methode die entsprechende Rolle zu.

R	esponsible	Verantwortlicher für die Durchführung
A	ccountable	Rechenschaftsverantwortlicher Unterschriftsberechtigter, z. B. Kostenstellenverantwortlicher
C	onsulted	Konsultiert Fachverantwortlichen
I	nformed	Zu informieren
–	Keine	Die Funktion hat keine Rolle.

Funktionsdiagramm

Aufgabe/Tätigkeit	Geschäfts-leitung	Verkauf	Reparatur	Administra-tion
Offerten Neufahrzeuge				
Auslagerung von Tätigkeiten an Dritte				
Auslieferung Neufahrzeuge				
Ersatzteilbewirtschaftung				
Lohnbuchhaltung				
Rechnungsstellung				
Rapporterstellung Wartungsarbeiten				
Reifenbewirtschaftung				
Strategie festlegen				

Lösung S. 160

c) Nennen Sie die wichtigste konzeptionelle Grundlage, die jeder Stellenbeschreibung zugrunde liegen sollte.

Lösungsvorschlag:

Lösung S. 160

d) Der Outsourcing-/Dienstleistungsvertrag mit der Firma Superfix GmbH läuft per Ende des Kalenderjahres aus. Der Geschäftsführer löst seine Firma altershalber auf. Dies zwingt die Geschäftsleitung, sich zu entscheiden, welchem Partner der Betrieb und die Wartung der IT-Infrastruktur zukünftig übergeben wird. Als Alternative könnte die Lastwagen Garage Kurz AG die IT-Dienstleistungen auch selbst erbringen. Beschreiben Sie in Stichworten, in welchen acht Vorgehensschritten die Geschäftsleitung eine Entscheidungsgrundlage erarbeiten könnte. Beschreiben Sie die Vorgehensschritte stichwortartig.

Schritt	Beschreibung
1	
2	
3	
4	
5	
6	
7	
8	

Lösung S. 161

e) Im Rahmen des Projekts zur Erweiterung der MFK-Prüfinfrastruktur soll eine Vorstudie respektive einer Machbarkeitsstudie durchgeführt werden. Welchem Zweck dient diese Studie? Beantworten Sie die Frage in vollständigen Sätzen.

Lösung S. 161

Allgemeine Fallstudie - Testprüfung FOK

7

f) Peter und Paul Kurz erstellen vier konkrete Ziele für das Projekt der Erweiterung der MFK-Prüfinfrastruktur. Beschreiben Sie konkrete Ziele des Projektauftrags, die den SMART-Kriterien genügen.

Ziel	Beschreibung

Lösung S. 162

g) Die Geschäftsführer sind sich nicht sicher, ob sie innerhalb der Firma über das erforderliche Fachwissen sowie die Erfahrung verfügen, um den Projektleiter für die Realisierung des Infrastrukturausbau für die neue MFK intern besetzen zu können. Da Sie mit der Geschäftsführung eng befreundet und selbst ein erfahrener Projektleiter sind, wurden Sie gebeten, ein Raster für den Aufbau der Stellenbeschreibung des Projektleiters zu erstellen. Dieses Raster soll den Aufbau und die Struktur der Stellenbeschreibung, nicht aber deren Inhalt umfassen. Nennen Sie die sechs wesentlichsten Punkte.

Nr.	Inhaltliche Elemente
1	
2	
3	
4	
5	
6	

Lösung S. 163

Allgemeine Fallstudie – Testprüfung FOK

7

h) Um die Auflagen für den neuen Showroom erfüllen zu können, wird im Rahmen der Vorstudie respektive Machbarkeitsstudie klar, dass der bestehende Standort nicht infrage kommt. Es wird ein Käufer für das bestehende Gebäude gesucht und gefunden. Die Suche für einen allfälligen neuen Standort bringt jedoch nur Standorte zutage, die deutlich ausserhalb des aktuellen Dorfes liegen. Das hätte zur Folge, dass viele Mitarbeiter nicht mehr wie bisher zu Fuss zur Arbeit kommen könnten, sondern auf ein Fahrzeug angewiesen wären. Gleichzeitig könnten viele Angestellte ihre Mittagspause nicht mehr zu Hause verbringen. Wie würden sie als Geschäftsführung den zu erwartenden Widerständen begegnen? Nennen Sie stichwortartig vier Massnahmen.

Nr.	Massnahmen
1	
2	
3	
4	

Lösung S. 163

i) Beschreiben Sie stichwortartig vier Elemente, die für die Planung von Projekten von Bedeutung sind.

Planungselemente	Erläuterung, Beschreibung

Lösung S. 164

Allgemeine Fallstudie – Testprüfung FOK

7

Aufgabe 3   (20 Punkte)

a) Die Eröffnung des neuen Showrooms soll gebührend gefeiert werden. Sie wollen möglichst viele bestehende Kunden für die Teilnahme an der Eröffnungsfeier begeistern. Erstellen und gestalten Sie für
die Geschäftsleitung ein entsprechendes Einladungsschreiben in Form eines Geschäftsbriefes. Das
Unterhaltungsangebot sieht folgende Themen vor:

– Kinderattraktion
– Gediegene Verpflegung
– Information Markenvertretung
– Kultureller Input

Lösung S. 165

Allgemeine Fallstudie – Testprüfung FOK

7

b) Der bevorstehende Umzug des Firmenstandortes löst Unruhe innerhalb der Belegschaft aus. Um der Verunsicherung und dem allfälligen Widerstand der Belegschaft zu begegnen, organisieren Peter und Paul Kurz einen Informationsanlass. Erstellen Sie ein Einladungsschreiben inklusive einer Agenda, sodass möglichst viele Mitarbeiter zu einer aktiven Teilnahme motiviert werden.

Lösungsvorschlag:

Lösung S. 166

7

Allgemeine Fallstudie – Testprüfung FOK

c) Im Rahmen der Einführung der ISO 9000-Zertifizierung möchte die Geschäftsleitung die hohen Qualitätsansprüche in einem firmeneigenen Qualitätsleitbild für die Zielgruppen (Kunden, Mitarbeiter,
Partner) festhalten. Schlagen Sie den Geschäftsführern drei aus Ihrer Sicht wesentliche Qualitätsansprüche in Form ganzer Sätze vor.

Lösungsvorschlag:

Qualitätsanspruch Zielgruppe	Beschreibung

Lösung S. 167

d) Die Geschäftsleitung möchte mit den Feierlichkeiten der Einweihung des neuen Showrooms eine regionale mediale Verbreitung/Kommunikation sicherstellen. Schlagen Sie Peter und Paul Kurz drei konkrete Massnahmen vor, mit denen ein möglichst grosses und breites Publikum erreicht werden kann.
Beschreiben Sie die einzelnen Massnahmen stichwortartig.

Lösungsvorschlag:

Massnahme	Beschreibung

Lösung S. 167

Notizen

7

Allgemeine Fallstudie - Testprüfung FOK

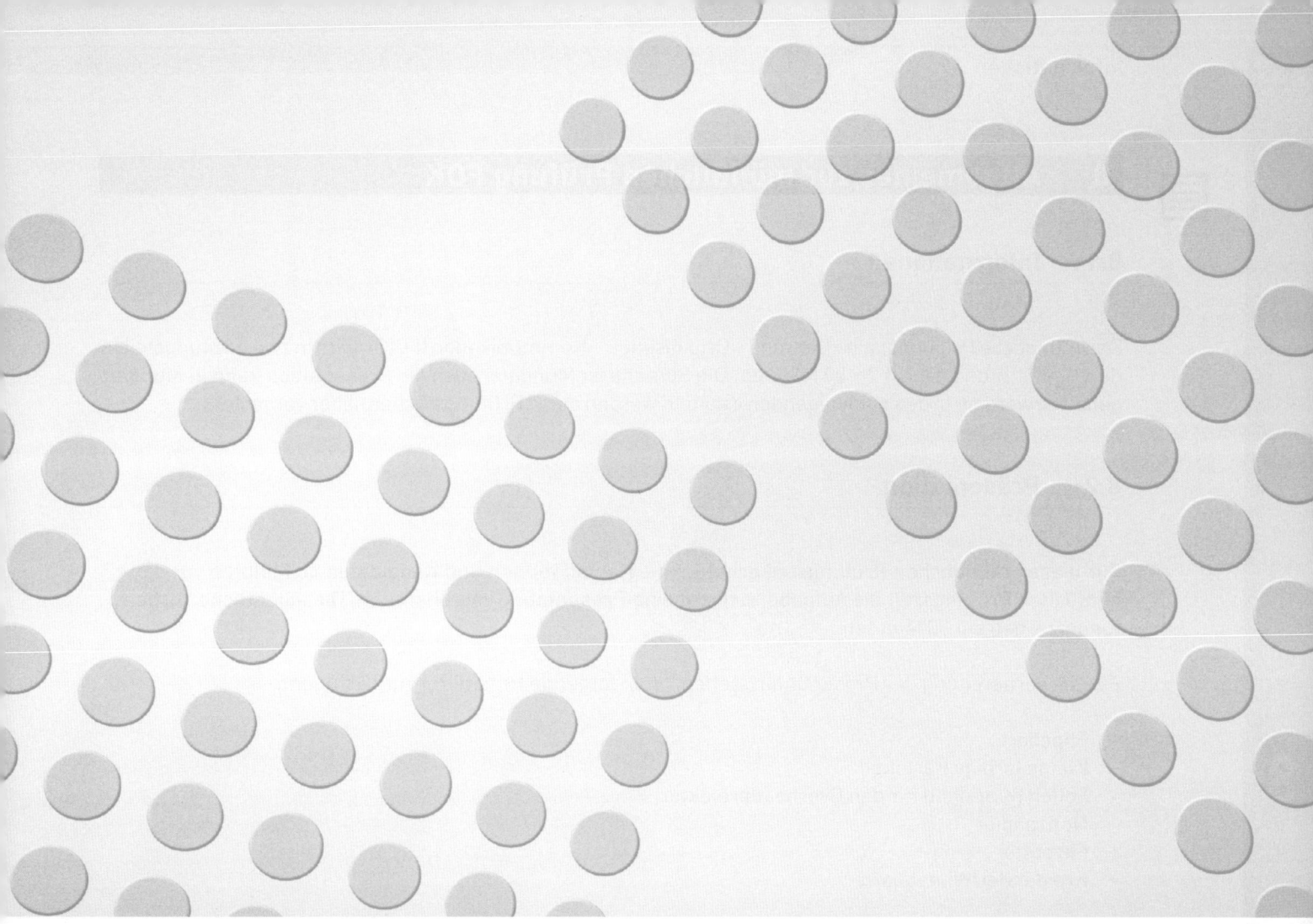

Allgemeines zur mündlichen Prüfung FOK

Kapitel 8

8 Allgemeines zur mündlichen Prüfung FOK

8.1 Informationen

Das mündliche Prüfungsfach «Führung – Organisation – Kommunikation (FOK)» wird in zwei Prüfungsteilen durchgeführt und dauert 2 × 20 Minuten. Die Sprache ist Mundart. Auch die Präsentation kann in Mundart gehalten werden. In den nachfolgenden Kapiteln werden diese Prüfungsfächer näher vorgestellt.

8.2 Präsentation

Für diesen mündlichen Prüfungsteil erhalten die Kandidatinnen und Kandidaten 40 Minuten vor der eigentlichen Prüfungszeit die Aufgabe, sich auf eine Präsentation vorzubereiten. Die eigentliche Vorbereitungszeit beträgt 30 Minuten.

Für die Vorbereitung der Präsentation stehen Ihnen folgende Hilfsmittel zur Verfügung:

– Flipchart
– Kleine farbige Kärtchen
– Folien (Klarsicht) für den Overheadprojektor
– Notizpapier
– Filzstifte
– Kreidetafel/Whiteboard

Die anschliessende Präsentation vor den Experten soll 10 Minuten dauern und kann wie bereits erwähnt, in Mundart gehalten werden. Bei Zeitüberschreitung wird die Präsentation durch die Experten abgebrochen.

Im Anschluss an die Präsentation werden Fragen zum Prüfungsstoff gemäss Wegleitung zur Prüfungsordnung (www.anavant.ch) gestellt.

8.3 Führungssituation

Für diesen mündlichen Prüfungsteil erhalten Sie 40 Minuten vor der eigentlichen Prüfungszeit die Aufgabe, sich auf ein Rollenspiel vorzubereiten. Die Vorbereitungszeit beträgt 30 Minuten.

Für die Vorbereitung stehen Ihnen Schreibmaterial und Notizblöcke zur Verfügung. Das Rollenspiel soll 10 Minuten dauern – bei Zeitüberschreitung wird das Rollenspiel durch die Experten abgebrochen.

Im Anschluss an das Rollenspiel werden Fragen zum Prüfungsstoff gemäss Wegleitung zur Prüfungsordnung (www.anavant.ch) gestellt.

8.4 Prüfungszimmer

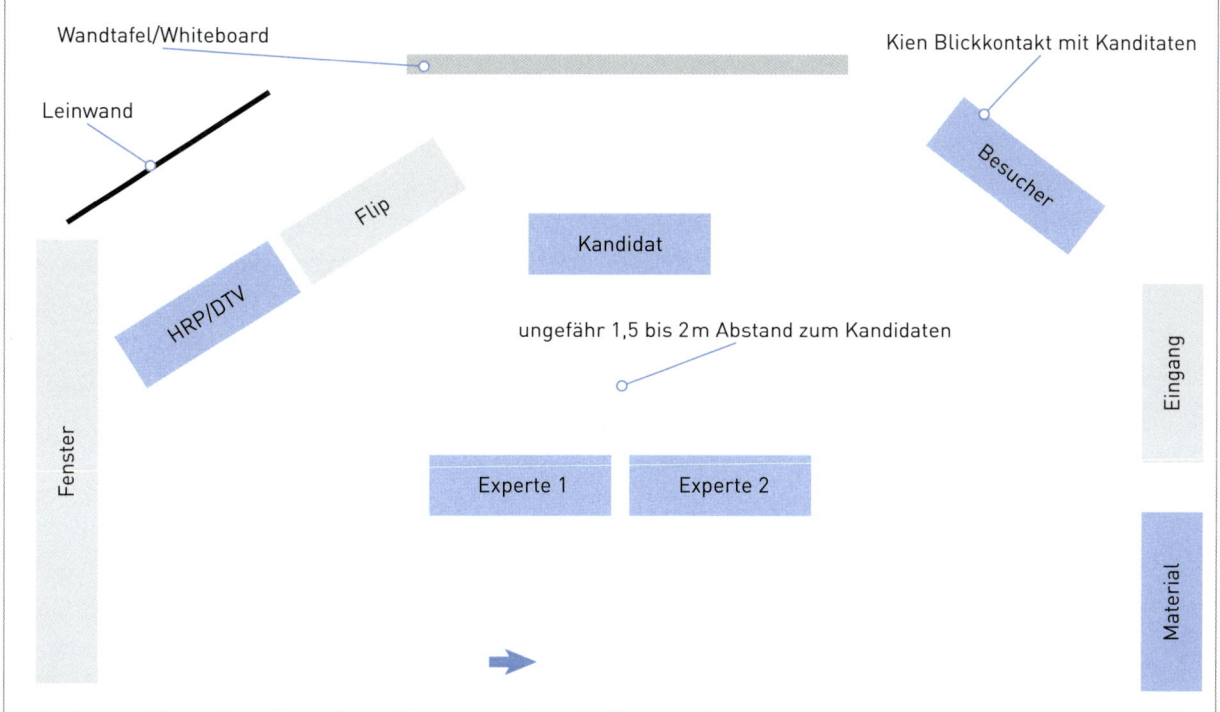

HRP/DTV = Hellraumprojektor / Desktop Visualizer

8.5 Vorbereitungsaufwand auf die mündliche Prüfung

Nachstehend finden Sie etliche Vorbereitungsmaterialien, um sich möglichst selbstständig auf die mündliche Prüfung vorzubereiten.

Das Kapitel 2 besteht aus zahlreichen Fragen und Antworten. Im Kapitel 3 finden sich acht unterschiedlichste Präsentationsthemen inklusive Auftrag zur Erstellung einer Präsentation. Das Kapitel 4 schliesslich soll Ihnen die Möglichkeit geben, Führungssituationen in Form von Rollenspielen zu trainieren. Ihre Rolle entspricht gewöhnlich dem eines Vorgesetzten. Idealerweise führen Sie solche Rollenspiele mit einem/einer Partner/-in durch, der/die die Rolle des Mitarbeitenden (Experten) übernimmt.

Greifen Sie im Bedarfsfall auf die umfangreicheren Unterlagen aus dem Unterricht zurück.

Dieses Prüfungsvorbereitungsmaterial wurde aufgrund der gemachten Erfahrungen der Autoren und unter Beizug von von erfolgreichen Prüfungsabsolventen erstellt.

Allgemeines zur mündlichen Prüfung FOK

8

Fragen zu Führung und Kommunikation

Kapitel 9

9 Fragen zu Führung und Kommunikation

9.1 Grundlagen der Führung

1. Definieren Sie den Begriff «Führung» in einem Satz.

2. Nennen Sie vier Hauptaufgaben einer Führungskraft.

3. Warum ist bei der Führung der Zielformulierungsprozess wichtig?

4. Nennen Sie den Unterschied zwischen strategischen und operativen Zielen.

5. Nennen Sie drei wirtschaftliche Veränderungen aus der Wirtschaft, die Führungskräfte vor grosse Herausforderungen stellen.

6. Die genannten betriebswirtschaftlichen Veränderungen prägen viele Unternehmen. Wie kann eine Führungskraft ihre Mitarbeitenden bei diesen Veränderungen aktiv unterstützen? Nennen Sie drei Massnahmen.

7. Gerade prozessorientierte Firmen fordern von den Mitarbeitenden eine hohe Anpassungsfähigkeit an die stetig wechselnden Bedingungen. Welchen Anforderungen müssen deren Führungskräfte gerecht werden?

8. Was versteht man unter TQM?

9. Total Quality Management (TQM) prägt die Führungsaufgaben eines Chefs massgeblich. Machen Sie ein Beispiel, wie Sie als Chef in Bezug auf TQM führen würden.

10. Welche drei wichtigen, qualitativen Führungsziele wollen Sie gerade mit TQM bei den Mitarbeitenden erreichen?

Fragen zu Führung und Kommunikation

9

Fragen zu Führung und Kommunikation

11. Führen Sie drei Verhaltensänderungen der Mitarbeitenden auf, die das aktive Anwenden von TQM auslösen kann.

12. Managementinformationssysteme (MIS) unterstützen den Vorgesetzten in seinen Aufgaben als Führungskraft. Nennen Sie drei Nutzen des MIS für den Vorgesetzten.

13. Erklären Sie den Begriff «Coaching»

9.2 Führungskompetenzen, Führungsstile, Führungsverhalten

1. Welche Führungsstile unterscheidet man?

2. Erklären Sie die Begriffe «Kompetenz» und «Verantwortung» mit eigenen Worten.

_____

_____

_____

_____

_____

_____

_____

3. Welche Eigenschaften sollte eine Führungspersönlichkeit aufweisen?

_____

_____

_____

_____

4. Erklären Sie das Verhaltensgitter von Blake/Mouton.

_____

_____

_____

_____

_____

_____

5. Warum wird neben der Fachkompetenz und Sozialkompetenz die Kommunikationskompetenz zunehmend wichtiger?

_____

_____

_____

6. Erklären Sie den Unterschied zwischen Führungsverhalten und Führungsstil.

7. Zeigen Sie die möglichen Auswirkungen bei Anwendung des Laissez-faire-Führungsstiles anhand einer praktischen Alltagssituation auf.

8. Warum ist der Führungsstil auch eine Frage der Persönlichkeit?

9. Sie haben ein fünfköpfiges Spezialisten-Team zu führen. Jeder Ihrer Mitarbeitenden ist hervorragend ausgebildet und sehr motiviert. Welchen Führungsstil bevorzugen Sie und warum?

10. Warum wird das Führungsverhalten nicht nur durch den Chef selbst bestimmt, sondern auch durch die Mitarbeitenden?

11. Gibt es nach Ihrer Auffassung den idealen Führungsstil?

12. «Fördern anstelle Fordern»! Was verstehen Sie unter dieser Aussage?

13. Ein schlechter Chef löst die Aufgaben seiner Mitarbeitenden. Ein guter Chef hilft dem Mitarbeitenden, dass er seine Probleme selber lösen kann. Kommentieren Sie diese beiden Aussagen!

14. Wovon ist der Aufwand für Führungsaufgaben abhängig?

15. Wie viele Leute kann ein Chef führen?

16. Ein guter Chef macht sich mittelfristig «überflüssig»! Was verstehen Sie unter dieser Aussage?

17. Früher war eine Führungskraft gleichzeitig eine ausgewiesene Fachkraft/Fachspezialist. Heute hat sich die Gewichtung verlagert. Erklären Sie weshalb ein Vorgesetzter nicht über das Fachwissen eines Spezialisten verfügen muss.

18. Sie sehen sich gezwungen, einen Mitarbeiter zu entlassen. Welche Führungsaufgaben stellen sich Ihnen? Erläutern Sie, wie Sie vorgehen und was Sie sich dabei überlegen.

19. Führungskräfte sind dazu aufgefordert, Visionen zu entwickeln. Was verstehen Sie darunter?

20. Über welche Fähigkeiten muss ein Vorgesetzter heute vor allem verfügen?

21. Was meinen Sie zu folgender Aussage: «Je höher die Verantwortung der Führungskraft, umso weniger muss die sich durch Tiefe des Fachwissens auszeichnen.»?

22. Sie stellen fest, dass in Ihrer Firma immer wieder Gerüchte kursieren über bevorstehende Entlassungen, Wechsel in der Führungsspitze, Lohnreduktion, etc. Was unternehmen Sie als Teamleiter konkret?

23. Was ist Feedback?

_____

_____

_____

9.3 Motivation

1. Definieren Sie den Begriff «Motivation».

_____

_____

_____

_____

2. Erklären Sie und zeichnen Sie das Motivationsmodell von Maslow.

_____

_____

_____

_____

9

3. Warum ist der Sinn, der mit einer Aufgabe verbunden ist, wichtig für die Motivation?

4. Wie motivieren Sie sich täglich selbst und was tun Sie dafür?
Nennen Sie uns dazu einfache Beispiele aus Ihrem Alltag.

5. Was verstehen Sie unter der XY-Theorie von D. McGregor?

6. Welche weiteren Theorien der Arbeitsmotivation kennen Sie?

7. Welche Formen der Motivation kennen Sie?

9

8. Was ist der Unterschied zwischen materieller und immaterieller Motivation?

9. Worin sehen Sie den Unterschied zwischen Eigenmotivation und Fremdmotivation?

10. Was spricht gegen oder für extrinsische Motivationsmassnahmen?

11. Welche Aspekte der Motivation kennen Sie?

9

12. Zwei-Faktoren-Theorie nach Herzberg: Welche zwei Faktoren sind gemeint?

13. Nennen Sie einige Motivatoren nach Herzberg.

14. Nennen Sie einige Hygienefaktoren nach Herzberg.

15. Erklären Sie uns anhand von Beispielen die Begriffe «Hygienefaktoren» und «Motivatoren».

16. Nennen Sie Beispiele für indirekte materielle Motivation.

_____

_____

_____

_____

17. Stimmt die folgende Aussage: «Motivation als Eigensteuerung allein genügt nicht.»?

_____

_____

18. Sie sind Teamchef eines Kundendienstes. Ihre Gruppe besteht aus zehn Mitarbeitenden. Die Geschäftsleitung hat entschieden, ein Kontrollsystem einzuführen, um die Dauer und die Anzahl der Telefonate ersichtlich zu machen. Das Team ist dadurch demotiviert und fühlt sich kontrolliert. Was unternehmen Sie, damit das Projekt akzeptiert wird und auch umgesetzt werden kann?

_____

_____

_____

_____

_____

19. Beschreiben Sie, welche Auswirkungen motiviertes Personal auf ein Unternehmen hat. Nennen Sie fünf Beispiele.

_____

_____

_____

_____

_____

_____

9

Fragen zu Führung und Kommunikation

20. Sie haben einen neuen Mitarbeiter eingestellt. Was tun Sie, damit er möglichst motiviert ist und entsprechend seinen Job wahrnehmen kann? Nennen Sie einige Möglichkeiten.

21. Sie haben sich «von der Pike auf» hochgearbeitet und sind jetzt in einer Führungsfunktion. Weshalb ist jetzt die Fähigkeit zur Eigenmotivation besonders gefragt?

22. Eine Führungskraft hat kürzlich Folgendes erklärt: «Ein Vorgesetzter braucht einen Mitarbeiter gar nicht zu motivieren! Ein Mitarbeiter ist motiviert, oder er ist es nicht!» Was meinen Sie zu dieser Aussage?

23. Sie sind Teamleiter in einer Firma, die unmittelbar vor einer Umstrukturierung steht. Welche Chancen zur Motivationssteigerung sehen Sie dabei für sich und Ihr Team?

24. Warum ist der Sinn, der mit einer Aufgabe verbunden ist, wichtig für die Motivation?

_____

_____

_____

25. Was denken Sie, in welchem Verhältnis stehen Arbeitszufriedenheit und Fehlzeiten sowie Fluktuation zueinander?

_____

9.4 Managementmethoden – Führungstechniken

1. Was für Führungstechniken kennen Sie?

_____

_____

_____

_____

_____

2. Nennen Sie je zwei Nachteile für Management by Results und Management by Delegation.

_____

_____

_____

_____

_____

_____

_____

_____

3. Nennen Sie Vor- und Nachteile für Management by Exception.

4. Nennen Sie Vor- und Nachteile für Management by Results.

5. Nennen Sie Vor- und Nachteile für Management by Delegation.

6. Nennen Sie Vor- und Nachteile für Management by Objectives (MbO).

7. Heute bekennen sich viele Unternehmen zum MbO. Wie können Sie diese Technik für die Lohngestaltung anwenden?

8. Welche Vorteile bringt MbO für die Motivation der Mitarbeiter?

9. Nennen Sie Unterlagen/Instrumente für MbO.

10. Erklären Sie den Unterschied zwischen Zielvereinbarung und Zielfestlegung.

11. Ein Vorgesetzter äussert sich wie folgt: «MbO ist in der Produktion nicht anwendbar. Ein Mitarbeiter in der Produktion muss lediglich wissen, dass ich von ihm einen Ausstoss von x Einheiten pro Tag erwarte und damit basta!!» Was antworten Sie und begründen Sie Ihre Antwort.

12. Was wird beim Management by Delegation effektiv auf die tiefstmögliche hierarchische Stufe delegiert? Begründen Sie Ihre Antwort.

13. In Ihrem Leitbild steht unter anderem: «Unsere Mitarbeiter sind stets auf dem neuesten Stand der technischen Entwicklung.» Leiten Sie davon zwei personalpolitische Massnahmen ab.

14. Was ist der Unterschied zwischen einer Funktionsbeschreibung und einer Stellenbeschreibung?

9.5 Team und Gruppendynamik – Einzelarbeit/Gruppenarbeit

1. Definieren Sie den Begriff Gruppendynamik.

2. Wie lauten die Phasenbezeichnungen für alle bei der Gruppenbildung und innerhalb der Gruppe wirksamer Prozesse?

3. Was passiert in der Formierungsphase?

4. Was passiert in der Storming-Phase?

5. Was passiert in der Normierungsphase?

6. Was passiert in der Performingphase?

_____

_____

_____

_____

7. Was sind teilautonome Arbeitsgruppen?

_____

_____

_____

8. Wann ist Gruppenarbeit sinnvoller als Einzelarbeit?

_____

_____

_____

9. Wann ist eine Aufgabe vorteilhafter in Einzel- und wann in Gruppenarbeit anzugehen?

_____

_____

_____

_____

_____

_____

10. Nennen Sie fünf wichtige Kriterien, die Sie bei der Zusammenstellung einer Gruppe beachten.

11. Nennen Sie mindestens fünf Regeln, die bei der Gruppenführung zu beachten sind.

12. Erläutern Sie fünf Merkmale für eine leistungsstarke Gruppe.

13. Erläutern Sie fünf Merkmale für eine leistungsschwache Gruppe.

14. Jede Gruppe will geführt sein! Welcher Führungsstil – neben dem kooperativen – ist nach Ihrer Ansicht in einer leistungsstarken Gruppe der effektivste und warum?

15. Ein führungsschwacher Chef, der fünf Leute führt, will einen seiner Mitarbeiter «hinausekeln». Woran erkennen Sie das?

16. Wie können sich in einer Gruppe Verhaltensprobleme zeigen? Nennen Sie vier Verhaltensweisen.

17. Eine Gruppe muss ambitiöse Ziele erreichen und neue Wege beschreiten. Stellen Sie als Chef anhand der «Alpha-/Omega-Typologie» eine Fünfer- oder Siebener-Gruppe zusammen. Beschreiben Sie die Zusammensetzung der Gruppe.

18. Warum leidet in einem gut funktionierenden Team die fachliche Entwicklung des Einzelnen nicht?

19. Sie wurden für die Leitung eines Projekts betraut. Welches sind für Sie wesentliche Herausforderungen oder Fragestellungen?

20. Aus welchen Gründen kann in einem Projekt hin und wieder die personelle Zusammensetzung geändert werden? Nennen Sie drei Beispiele.

_____

_____

_____

_____

_____

_____

9.6 Arbeitsformen und Arbeitszeitmodelle

1. Was verstehen Sie unter Jobenlargement?

_____

_____

2. Was verstehen Sie unter Jobenrichment?

_____

_____

_____

3. Was verstehen Sie unter Jobsharing?

_____

4. Was bedeutet Jobrotation?

_____

_____

_____

_____

5. Welche organisatorischen Voraussetzungen braucht es für eine «Jobrotation», damit sie funktioniert?

_____

_____

_____

_____

_____

6. Nennen Sie uns einige Vorteile einer Jobrotation für den Mitarbeitenden.

_____

_____

_____

_____

_____

_____

7. Nennen Sie einige Vorteile einer Jobrotation aus betriebswirtschaftlicher Sicht.

_____

_____

_____

_____

_____

_____

_____

_____

8. Was verstehen Sie unter dem Begriff «Jobenlargement»?

9. Welche Voraussetzungen sind für ein «Jobenrichment» notwendig? In Bezug auf die Organisation? Geben Sie drei Beispiele.

10. In Bezug auf die Arbeitskraft? Geben Sie drei Beispiele.

11. Nennen Sie uns je drei Vor- und Nachteile eines Jobsharings in Bezug auf die Funktion eines Sachbearbeiters. Die Aufteilung beruht auf 50 % : 50 %!

_____

_____

_____

_____

_____

_____

_____

_____

_____

_____

_____

_____

_____

_____

12. Was heisst Block- und was Gleitzeit?

_____

_____

_____

13. Was für flexible Arbeitszeitmodelle kennen Sie?

14. Der Firmensitz wird verschoben. Welche Möglichkeiten bieten sich an, wenn die Firma Sie behalten will, Sie aber keinen Umzug ins Auge fassen wollen?

15. Definieren Sie den Begriff «Jahresarbeitszeit».

9

Fragen zu Führung und Kommunikation

16. Was bedeutet Jahresarbeitszeit für die Führungsarbeit?

17. Wodurch könnten die Freiheiten des Mitarbeiters bezüglich Jahresarbeitszeit eingeschränkt werden?

18. Aufgrund der Geschäftslage müssen personelle Überkapazitäten reduziert werden. Die Geschäftsleitung möchte nach Möglichkeit Kündigungen verhindern und bittet Sie um Vorschläge. Was schlagen Sie vor?

19. Einer Ihrer Mitarbeiter will sich weiterbilden. Die Weiterbildung findet allerdings unter der Woche während der Arbeitszeit statt. Der Mitarbeiter kann dadurch die normale Arbeitszeit nicht mehr vollumfänglich leisten. Welche Möglichkeiten sehen Sie, damit er seine Weiterbildung trotzdem machen kann?

20. Viele Unternehmen tendieren vermehrt dazu, Mitarbeiter nur noch auf Abruf, im Stundenlohn, anzu-
stellen. Dies hat Vor-, aber auch Nachteile. Nennen Sie vier Vorteile aus Sicht des Arbeitnehmers.
Nennen Sie vier Nachteile aus Sicht des Arbeitnehmers.

_____

_____

_____

_____

_____

_____

_____

_____

_____

_____

9.7 Personalmanagement

1. Nennen Sie die wichtigsten Aufgaben des Personalmanagements.

_____

_____

_____

_____

_____

_____

_____

_____

_____

_____

2. Die Personalplanung kann man in Teilbereiche gliedern.
   Machen Sie dazu einen Vorschlag.

   _____

   _____

   _____

3. Nennen Sie Bereiche des Personalmarketings.

   _____

   _____

4. Was ist das Mitarbeitergespräch, was beinhaltet es?

   _____

   _____

   _____

5. Welche Punkte werden beim Qualifikationsgespräch durchgenommen?

   _____

   _____

   _____

   _____

6. Nennen Sie den Unterschied zwischen sofortiger Freistellung und fristloser Kündigung.

   _____

   _____

   _____

   _____

7. Nennen Sie mögliche Entlohnungssysteme.

_____

_____

_____

_____

8. Was verstehen Sie unter Unternehmenskultur?

_____

_____

9. Was ist das Betriebsklima?

_____

_____

10. Nennen Sie mindestens vier Symptome zur Beurteilung der Unternehmenskultur eines Unternehmens.

_____

_____

_____

_____

_____

11. Wie kann Personal extern beschafft werden?

_____

_____

_____

_____

_____

Fragen zu Führung und Kommunikation

9

9

Fragen zu Führung und Kommunikation

12. Welche Mitarbeiter-Anforderungen unterscheidet man üblicherweise im Aufgabenbild oder in der Arbeitsbeschreibung?

13. Welche Informationen muss ein Lebenslauf enthalten?

14. Was ist beim Einholen von Referenzen zu beachten?

15. Welche Zusatzinformationen kann ein grafologisches Gutachten liefern?

16. Wie kann ein Vorstellungsgespräch ablaufen?

17. Welche typischen Fragen stellen Personalverantwortliche?

18. Welche Punkte umfasst die Bewerbungsabsage?

19. Was geschieht mit den Bewerbungsunterlagen abgelehnter Bewerbungen?

20. Welche Arbeitszeugnisarten gibt es?

21. Welche Bausteine soll ein Arbeitszeugnis umfassen?

22. Wie soll die Sprache und der Stil in einem Arbeitszeugnis formuliert bzw. dargestellt werden?

23. Was sind Ziel und Zweck von Qualifikationsgesprächen?

24. Was bedeutet Probezeit?

25. Personalabbau: Die Personalplanung hat in kritischen Situationen die Aufgabe, frühzeitig klarzuma-chen, dass Personal abgebaut werden muss. Welche Massnahmen dazu sind sinnvoll?

26. Über seinen Bereich hinaus leisten das Personalmanagement bzw. Human Resources in seiner Dienstleistungsfunktion auch seinen Beitrag zu grundsätzlichen Fragen der Führung und Organisa-tion. Führen Sie einige Themen bzw. Inhalte auf.

9

Fragen zu Führung und Kommunikation

27. Woran muss am ersten Arbeitstag gedacht werden?

28. Welche Gegenstände werden einem neuen Mitarbeiter am ersten Arbeitstag bzw. in den ersten Arbeitstagen übergeben?

29. Woran ist zu denken, was ist zu tun bei einem Neueintritt bis Ablauf der Probezeit?

Notizen

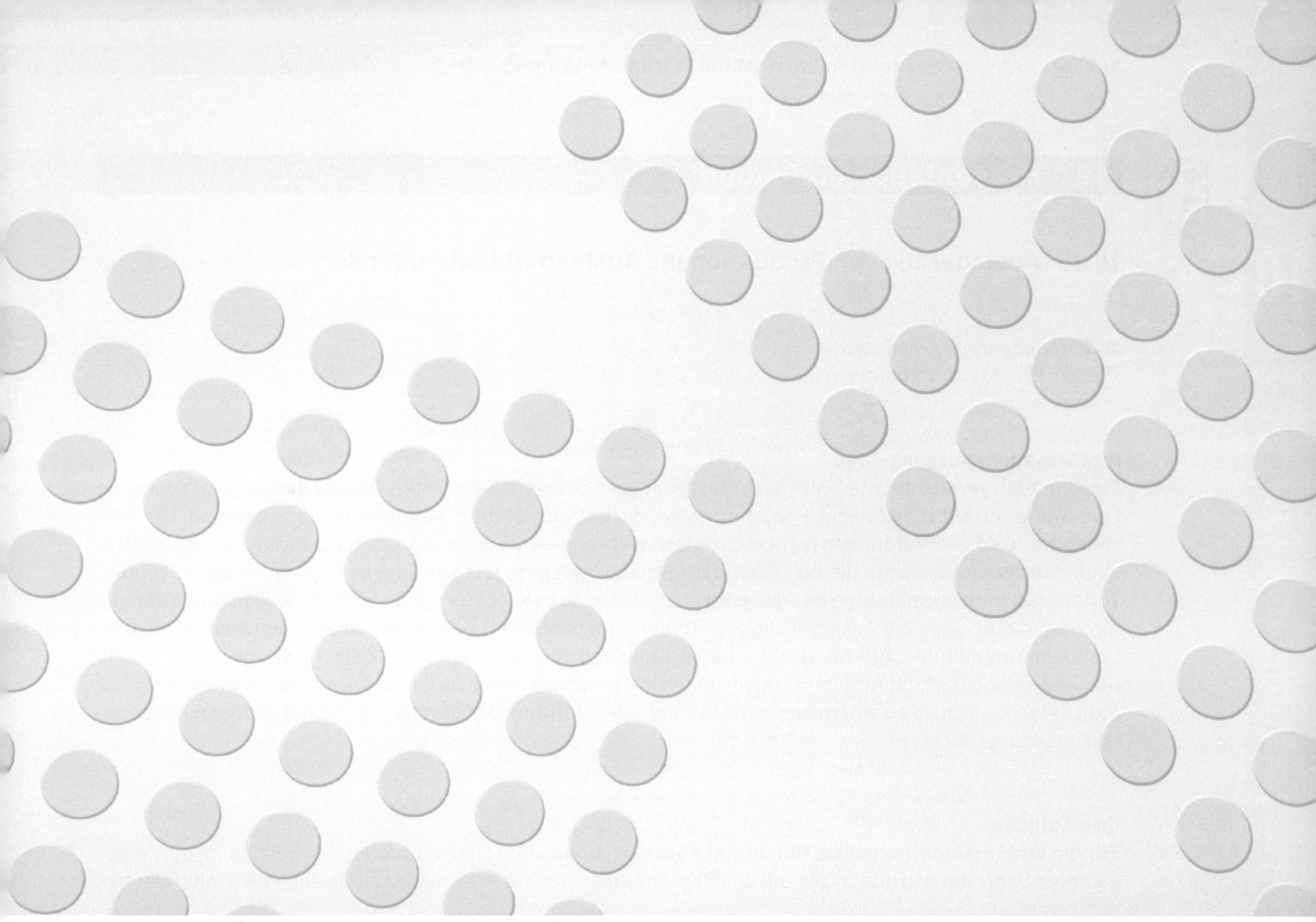

Präsentationsaufgaben

Kapitel 10

10 Präsentationsaufgaben

10.1 Auslagerung von Produktion ins Ausland (Billiglohnländer)

Vorbereitungszeit: 30 Minuten
Präsentationszeit: 10 Minuten

Ihre Situation/Ausgangslage

Eine kürzlich veröffentlichte Untersuchung zeigt, dass Schweizer Firmen aufgrund des Kostendrucks die Forschung vermehrt auslagern – nicht nur an andere Unternehmen, sondern auch ins Ausland. Überraschend sind solche Meldungen nicht mehr. Doch während es offenbar in früheren Jahren eher die niedrig qualifizierten Jobs waren, die ins günstigere Ausland ausgelagert wurden, so ist heutzutage auch eine Verlagerung von sogenannten Headquarter-Aktivitäten zu beobachten. Viele Schweizer Arbeitnehmer befürchten daher, dass die Auslagerung von Produktionsprozessen zu grossen Arbeitsplatzverlusten oder Lohnsenkungen führt. Allerdings ist eine Verlagerung von Arbeitsplätzen oder Direktinvestitionen ins Ausland nicht per se mit Arbeitsmarktverlusten in der Schweiz verbunden. Die Auslagerung von gewissen Aktivitäten kann auch zu einem besseren Marktzugang führen oder durch Kosteneinsparungen Ressourcen im Inland freisetzen.

Ihre Aufgabe

Für die Vorbereitung stehen als Hilfsmittel Flipchart-Bögen und Hellraumfolien zur Verfügung sowie geeignetes Schreibwerkzeug. Während der Präsentation kann im Prüfungszimmer auch die Wandtafel benützt werden.

Sie haben 10 Minuten Präsentationszeit und 60 Sekunden Aufbauzeit!

10.2   Budgetfreigabe für Kundenevent

Vorbereitungszeit: 30 Minuten
Präsentationszeit: 10 Minuten

Ihre Situation/Ausgangslage

Ihre Firma bietet Dienstleistungen im B2B-Bereich an. Sie wollen Ihren Key-Accounts «Dankeschön» für ihre Kundentreue sagen. Dazu wollen Sie diese im Rahmen eines Kundenevents verwöhnen. Planen Sie einen entsprechenden Event, vom Motto bis hin zum Budget, und stellen Sie das Konzept der Geschäftsleitung vor. Überzeugen Sie die Geschäftsleitung von Ihren Ideen, sodass das notwendige Budget zur Verfügung gestellt wird.

Ohne konkrete Vorgaben: Sie sind in der Wahl von Produkten, Branchen frei. Fehlen Ihnen Informationen, treffen Sie begründetet Annahmen.

Ihre Aufgabe

Für die Vorbereitung stehen als Hilfsmittel Flipchart-Bögen und Hellraumfolien zur Verfügung sowie geeignetes Schreibwerkzeug. Während der Präsentation kann im Prüfungszimmer auch die Wandtafel benützt werden.

Sie haben 10 Minuten Präsentationszeit und 60 Sekunden Aufbauzeit!

10.3 Einführung neuer Mitarbeiter (Einarbeitungskonzept)

Vorbereitungszeit: 30 Minuten
Präsentationszeit: 10 Minuten

Ihre Situation/Ausgangslage

Die Einführung neuer Mitarbeiterinnen und Mitarbeiter im Rahmen systematischer Einarbeitungsprogramme ist ein zentrales Handlungsfeld der Personalentwicklung. Sie als Vorgesetzter und Mitglied des Arbeitgeberverbandes werden angefragt, anlässlich der Hauptversammlung des Arbeitgeberverbandes «Limmattal» einen zehnminütigen Vortrag zu halten. Mit Freude sagen Sie zu und gehen jetzt mit Engagement an die Vorbereitung dieser Präsentation.

Dabei stehen folgende Fragen im Vordergrund:

- Wird der Einarbeitung der neuen Mitarbeiterinnen und Mitarbeiter genügend Beachtung geschenkt?
- Werden geplante Massnahmen ergriffen, um den Integrations- und Einarbeitungsprozess erfolgreich zu gestalten?
- Wer soll als geeignete Ansprechperson gelten (Götti)?
- Die Einführung und Einarbeitung neuer Mitarbeiterinnen und Mitarbeiter soll wie viel Geld kosten?
- Und weitere Fragen, die Sie sich stellen

Ihre Aufgabe

Für die Vorbereitung stehen als Hilfsmittel Flipchart-Bögen und Hellraumfolien zur Verfügung sowie geeignetes Schreibwerkzeug. Während der Präsentation kann im Prüfungszimmer auch die Wandtafel benützt werden.

Sie haben 10 Minuten Präsentationszeit und 60 Sekunden Aufbauzeit!

10.4 Vor- und Nachbearbeitung von Messen

Vorbereitungszeit: 30 Minuten
Präsentationszeit: 10 Minuten

Ihre Situation/Ausgangslage

TOPLINE ist ein Schönheitsinstitut, das seit über 21 Jahren in den Bereichen Kosmetik, Wellness und Spa tätig ist. TOPLINE besitzt ein breites und tiefes Angebot an Behandlungen in den besagten Tätigkeitsbereichen. Ebenfalls vertreibt TOPLINE ein breites Angebot an Pflegeprodukten. TOPLINE setzt immer wieder neue Ideen in der Behandlung und Beratung mit Erfolg in die Tat um, wie beispielsweise die Vorortberatung eines Dermatologen.

An der regelmässig stattfindenden «Bülimäss» stellen sich die verschiedensten Betriebe in sämtlichen Branchen vor. Gesamthaft sind es über 100 Messeteilnehmer, grösstenteils Versicherungsgesellschaften. Die Zielgruppe der «Bülimäss» ist das breite Publikum.

Messestützende Werbe-/Verkaufsförderungsmassnahmen:
Eine Publireportage in der Zeitung informiert über die «Bülimäss» und die Messepräsents von TOPLINE sowie die Gratisberatung durch die Miss Swiss Eye und die Vorortvergabe von 20-Franken-Gutscheinen. Des Weiteren wird über die Vorortberatung eines Dermatologen im TOPLINE berichtet. Flyers mit 20-Franken-Gutscheinen werden an jeden Haushalt in Bülach und in der Agglomeration von Bülach verteilt. Inhaltlich informiert der Flyer über TOPLINE und die Messepräsents.

Ihre Aufgabe

Überzeugen Sie den Experten in den kommenden 10 Minuten über Ihre Vor- und Nachbearbeitung dieser Messe.

Sie haben 10 Minuten Präsentationszeit und 60 Sekunden Aufbauzeit!

10.5 Einführung des Marketingdenkens in Ihrer Firma

Vorbereitungszeit: 30 Minuten
Präsentationszeit: 10 Minuten

Ihre Situation/Ausgangslage

«Integriertes Marketing» bedeutet, dass alle Unternehmensbereiche und Mitarbeiter dazu beitragen, einen überlegenen Kundennutzen zu schaffen, und das zu möglichst geringen Kosten. Der «integrierte Marketingansatz» versteht sich nicht allein als Spezialdisziplin für das Management des optimalen Marketing-Instrumenten-Mix, sondern vielmehr als ein übergreifendes Konzept der Unternehmensführung («Lösen Sie Ihre Marketing-Abteilung auf! Kundenorientiertes Marketing ist Sache aller Mitarbeiter im Unternehmen!»). Wie die Erfolgsbeispiele zahlreicher Marktführer beweisen, ist ein Marketing, das das gesamte Unternehmen einbezieht und die Schaffung überlegenen Kundennutzens zum Ausgangspunkt aller Aktivitäten macht, nicht nur effektiver, sondern auch langfristig wesentlich profitabler.

Sie haben von der Geschäftsleitung den Auftrag erhalten, Ihren Mitarbeitenden zu präsentieren, wie Sie in Ihrem Unternehmen das integrierte Marketing umsetzen wollen. Erklären Sie Ihrem Publikum die Elemente des integrierten Marketings und zeigen Sie die Vorteile für Ihr Unternehmen auf. Überzeugen Sie das Publikum von Ihrem Anliegen, sodass das integrierte Marketing in Ihrem Unternehmen erfolgreich eingeführt werden kann.

Sie sind in der Wahl von Produkten, Branchen etc. frei. Treffen Sie begründete Ausnahmen.

Ihre Aufgabe

Für die Vorbereitung stehen als Hilfsmittel Flipchart-Bögen und Hellraumfolien zur Verfügung sowie geeignetes Schreibwerkzeug. Während der Präsentation kann im Prüfungszimmer auch die Wandtafel benützt werden.

Sie haben 10 Minuten Präsentationszeit und 60 Sekunden Aufbauzeit!

10.6 Promotion «Lichtwecker»

Vorbereitungszeit: 30 Minuten
Präsentationszeit: 10 Minuten

Ihre Situation/Ausgangslage
Sie sind Mitarbeiter/-in der Firma SANALUX GmbH, die «Lichtwecker» und «Lichttherapiegeräte» in der Schweiz und in Deutschland vertreibt. Trotz stetiger und intensiver Public-Relations-Anstrengungen mit vielen Einschaltungen in den nationalen Medien ist das Prinzip «Lichtwecker», gleichbedeutend mit « Aufstehen mit der Simulation eines Sonnenaufganges», erst einem geringen Teil der Bevölkerung bekannt.

Sie wollen dem Eigentümer der SANALUX GmbH eine nationale TV-Kampagne schmackhaft machen, in deren Mittelpunkt ein Fernsehspot steht. Das Unternehmen SANALUX GmbH erzielt zurzeit CHF 3 Millionen Umsatz bei einer hervorragenden Marge.

Ihre neue Kampagne kostet CHF 800'000.

Ihre Aufgabe
Präsentieren Sie dem Eigentümer eine schlüssige und überzeugende Argumentation, warum es sinnvoll erscheint, diese TV-Kampagne zu realisieren.

Sie haben 10 Minuten Präsentationszeit und 60 Sekunden Aufbauzeit!

10.7 «Ökostrom – Tag der offenen Tür»

Vorbereitungszeit: 30 Minuten
Präsentationszeit: 10 Minuten

Ihre Situation/Ausgangslage

Die Gemeinde Sevelen war der Zeit schon immer etwas voraus. Im Verwaltungsrat der gemeindeeigenen Wasser- und Stromkooperation machte man sich schon anfangs der Neunzigerjahre Gedanken, wie mit dem gemeindeeigenen Wasserkraftwerk «Bodenalp» nachhaltig Ökostrom produziert werden kann.
Jetzt, rund 20 Jahre später, ist die Sanierung des Kraftwerkes «Bodenalp» abgeschlossen und der Ökostrom fliesst seit dem 1. März 2015 durch Teile des St. Galler Rheintals. Dass dieses Bauwerk ein gelungenes Werk wurde, ist den beteiligten Ingenieurfirmen und den Baufirmen zu verdanken, ebenso dem Gemeindepersonal, das wegen dem Umbau viele zusätzliche Leistungen aufbringen musste. Ebenso ist den weiteren Mitgliedern im Verwaltungsrat für ihren Einsatz zu danken. Wahrhaftig Grund genug, diesen Meilenstein zu feiern.

Ihre Aufgabe

Sie sind als Verwaltungsratsmitglied und als angehender Wirtschaftsdiplomand beauftragt worden, einen Tag der offenen Tür zu organisieren.

Zeigen Sie uns, mit allen Freiheiten ausgestattet, auf, wie Sie diesen Tag der offenen Tür organisieren.

Sie haben 10 Minuten Präsentationszeit und 60 Sekunden Aufbauzeit!

10.8 «BP –Innovation – Zukunft»

Vorbereitungszeit: 30 Minuten
Präsentationszeit: 10 Minuten

Ihre Situation/Ausgangslage

Die weltweite Energienachfrage wird in den nächsten 20 Jahren durch Schwellenländer wie China, Indien, Russland und Brasilien dominiert, berichtet BP in ihrer Publikation «BP Energy Outlook 2030», ihrer neuesten Einschätzung der Trends auf dem Energiemarkt. Die Hochrechnungen besagen weiter, dass Erdgas der am schnellsten wachsende fossile Energieträger ist und dass Öl insgesamt sinkende Wachstumsraten und hohe Marktanteilsverluste zu beklagen haben wird.

Seit 1. Januar 2015 arbeiten Sie in der Kreativ-Werkstatt der Firma BP-Schweiz. Als Dienstleistungsanbieter sind Sie ständig auf der Suche nach neuen Ideen und Ansätzen, die Sie in Ihr Unternehmen integrieren können.

Letzten Sonntag haben Sie mit einem Ihrer Kollegen über alternative Brennstoffe diskutiert. Folgende Aussage Ihres Kollegen stimmt Sie zum Nachdenken: «Unsere Ölreserven werden keine 100 Jahre mehr halten werden. Demzufolge sind wir die letzten Generationen, die die heile Welt erleben dürfen und Flüge nach Übersee geniessen dürfen.»

Dabei machten Sie sich auch Gedanken über die Umsetzung und daraus entstehende Herausforderungen und Probleme.

Ihre Aufgabe

Präsentieren Sie uns eine Welt, in der Schifffahrt, Flugverkehr, Autoverkehr und Industrie mit einem noch zu erforschenden Treibstoff zu Hause ist. Ihrer Fantasie sind keine Grenzen gesetzt.

Sie haben 10 Minuten Präsentationszeit und 60 Sekunden Aufbauzeit!

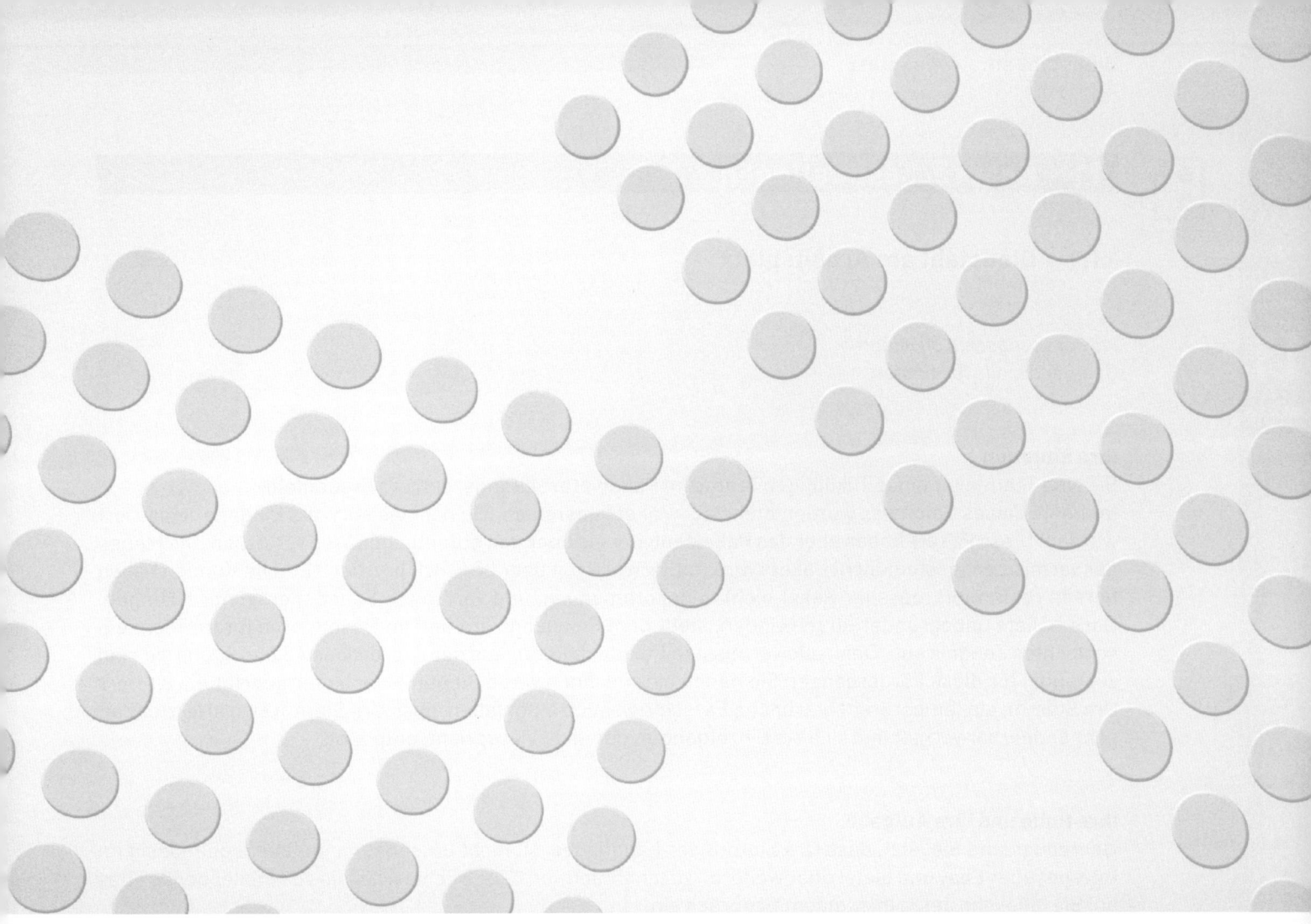

Gesprächssituationen

Kapitel 11

11 Gesprächssituationen

11.1 Diebstahl am Arbeitsplatz

Vorbereitungszeit: 30 Minuten
Gesprächszeit: 10 Minuten

Ihre Situation

Sie sind Teamleiter eines 10köpfigen Teams im Paketverarbeitungszentrum Frauenfeld.
Im Laufe dieses Sommers wurden mehrfach Pakete gestohlen, die nachweislich als Eingang registriert wurden. Diese Pakete haben aber das Paketzentrum nie über den ordentlichen Weg verlassen. Die Menge der vermissten (gestohlenen) Pakete wird mittlerweile mit über 50 Stück beziffert. Etliche Kunden haben bereits reklamiert, dass ihr Paket nicht angekommen sei, und verlangen Schadenersatzforderungen. Dass Pakete unbegründet verschwinden, stellt dem Paketzentrum und im Besonderen Ihrem Team ein schlechtes Zeugnis aus. Denn alle vermissten Pakete datieren aus dem Förderband 3 und 4, und Sie sind zuständig für diese Förderbänder. Sie haben bereits einen verdächtigen Mitarbeiter geortet. Es ist Herr Urs Stamm, ein temporärer Mitarbeiter. Es ist Ihnen auch aufgefallen, dass Urs Stamm sich in letzter Zeit sehr sonderbar verhält und sich als Einzelgänger, der nicht viel spricht, entpuppt.

Ihre Rolle und Ihre Aufgabe

Überzeugt sind Sie jetzt, dass Urs Stamm der Langfinger ist, nicht umsonst handelt er regelmässig im Internet über Ebay und bietet über weitere Tauschbörsen von CDs, Büchern bis hin zu Mobilephones alles an. Sie laden ihn deshalb zu einem Gespräch ein.

Sie haben 30 Minuten Zeit, um sich auf das Gespräch vorzubereiten.

> ### Die Rolle von Urs Lang (Experte)
> *Urs Lang ist allerdings unbescholten. Seine Ebay-Tätigkeit ist absolut legitim: Die Ware, mit der er handelt, stammt von einem gemeinsam mit seinem Bruder betriebenen Shop.*
> *Urs Lang ist also nicht der Dieb. Allerdings gibt Urs Lang im Gespräch etliche Hinweise bekannt, dass er weiss, wer der Dieb ist. Er will diesen Arbeitskollegen (Familienvater) aber, um den guten Teamgeist zu erhalten, nicht verpetzen.*

11.2 Beschwerde eines Mitarbeiters über das Verhalten Dritter

Vorbereitungszeit: 30 Minuten
Gesprächszeit: 10 Minuten

Ihre Situation

Unten stehende Aktennotiz haben Sie als direkter Vorgesetzter bei einem Mitarbeiterkonflikt vor einigen Monaten erstellt und von beiden Parteien unterschreiben lassen. Leider halten sich Hans Lümmel und Fritz Streit nicht an die in der Aktennotiz vereinbarten Bedingungen und geraten sich diese Woche wieder in die Hände. Fritz Streit ist heute krank, und Sie führen in der nächsten Stunde mit Hans Lümmel ein Führungsgespräch. Bereiten Sie sich bitte vor.

Gesprächsnotiz zum Konfliktgespräch vom 10.01.2015

Umsetzungsvereinbarung Hans Lümmel mit Fritz Streit

Ausgangslage

- Stichworte: Ärger und die damit verbundenen Gefühle formuliert
- Konfliktpartner gefragt, ob sie die Verärgerungen verstehen können
- Verbalisieren und nachfragen, wenn noch nicht verstanden wurde
- Eigenen Anteil am Konflikt benennen und den Anteil des anderen erfragen

Die hier vorliegenden Konfliktsymptome sind negative Gefühle und unerklärliche Verhaltensmuster, die nicht unbedingt feindselig, aber trotzdem auf Eigenschutz (keine Weitergabe von Wissen) gestützt sind.

Umsetzungsvereinbarung

1. Bei Arbeitsantritt werden Pendenzen aus dem Tagesgeschäft verbindlich mit abschätzbarem Zeitaufwand mündlich und bei Bedarf schriftlich übergeben. Ziel: nahtlose Weiterführung des Tagesgeschäftes (analog Nachtrapport)
2. Der regelmässige Informations- und Wissensaustausch wird mit hoher Qualität aktiv und uneigennützig hoch gehalten.
3. Der gemeinsame Auftritt wird von allen geschätzt und hat Vorbildcharakter, keine Möglichkeit, einander durch Dritte ausspielen zu lassen.

Zwischenkontrolle
Nach Abschluss des Konflikts halten die Gesprächspartner eine kritische Rückschau auf das Konfliktergebnis. Sind wir zufrieden, ist der Konflikt für uns erledigt und wir haben eine positive Erfahrung in Bezug auf unser Konflikthandeln gemacht und arbeiten weiterhin erfolgreich daran. Sind wir unzufrieden, dann haben wir «noch eine Rechnung offen», der mit weiteren Massnahmen entgegenzuwirken ist. Zudem überdenken wir die Effektivität und Effizienz unseres Konflikthandelns.

Ihre Aufgabe

Sie haben 30 Minuten Zeit, um sich auf das Gespräch vorzubereiten.

11.3   Umsatzeinbussen – Motivation – Abwesenheit am Arbeitsplatz

Vorbereitungszeit: 30 Minuten
Gesprächszeit: 10 Minuten

Ihre Situation

Sie heissen Hans Ospelt und sind Vertriebsleiter/-in einer Handelsvertretung für Industrieelektronik eines japanischen Grosskonzerns und führen in dieser Position vier Aussen- und zwei Innendienstmitarbeiter sowie einen Produktmanager, zwei Servicetechniker und eine Vertriebssekretärin. Neben Ihrer Führungsaufgabe sind Sie in der Regel selbst zwei Tage im Aussendienst unterwegs. Sie betreuen dabei das umsatzstarke Gebiet Zürich. Der Absatz konnte zwar in den letzten Jahren stetig leicht gesteigert werden, aber der Umsatz und insbesondere der Gewinn sind aufgrund sinkender Produktpreise deutlich gesunken. In diesem Zusammenhang sehen Sie sich verstärkt dem Druck der europäischen Handelszentrale in Frankfurt ausgesetzt. Diese erwartet von Ihnen mittelfristig mindestens wieder ein ausgeglichenes Ergebnis, konkret heisst das für Sie und Ihr Team, entweder bessere Umsatzahlen oder Kosteneinsparungen.

Einer Ihrer Aussendienstmitarbeiter, Herr Mirco Pavlovic, hat in den vergangenen drei Monaten bei vier seiner sieben Grosskunden, die ca. 60 % seines Absatzes generieren, schmerzliche Umsatzrückschläge hinnehmen müssen. Dies aber nicht, weil diese Kunden weniger Stück abrufen, sondern weil die neue Gerätegeneration, die jetzt eingesetzt wird, rund 25 % günstiger ist als die alte. Einen weiteren Dämpfer musste er wegstecken, weil sich ein potenzieller Grosskunde quasi in «letzter Sekunde» für ein Konkurrenzprodukt entschieden hat. Dies, weil die Entwickler Ihres Grosskonzerns in Japan nicht bereit waren, für das aus Konzernsicht «kleine Los» eine andere Spezifikation zu programmieren. Die Entwickler haben dabei Produktehaftungsfragen ins Feld geführt. Die gesamte Branche kämpft mit dem Problem, dass die Absatzsteigerungen nicht ausreichen, um die Margenverluste der immer günstigeren und besseren neuen Geräte zu kompensieren. Der Umsatzeinbruch hinterlässt bei Herr Pavlovic ein besonders tiefes Loch in der «Lohntüte».

Mirco Pavlovic ist 56 Jahre alt, verheiratet und hat drei Kinder zwischen acht und 14 Jahren. Er arbeitet seit 25 Jahren in der Branche und seit neun Jahren in der Handelsvertretung Schweiz. Er hatte diese damals vor neun Jahren mit seinem Vorgänger zusammen aufgebaut. Mirco Pavlovic ist der erfahrenste und erfolgreichste Aussendienstmitarbeiter, den Sie haben.

Seit rund vier Wochen stellen Sie anhand der Rapporte fest, dass Herr Pavlovic durchschnittlich weniger Kundenbesuche absolviert und dass die Rapporte auch viel oberflächlicher verfasst sind. Wenn Sie ihn versuchen übers das Mobile zu erreichen, nimmt er im Gegensatz zu früher meist nicht ab. Zudem ist die Mobilerechnung des letzten Monats 50 % tiefer als im Durchschnitt, woraus Sie schliessen, dass er deutlich weniger Kunden kontaktiert hat. Auch die Tankkartenabrechnung zeigt dieses Bild. Als er vor zwei Wochen zu Ihnen in die Handelsniederlassung zum Rapport gekommen war, sah Herr Stein völlig übernächtigt aus, war entweder geistig abwesend oder reagierte gereizt. Als Sie ihn dann einen Tag später am Telefon hatten, war Herr Pavlovic unnatürlich euphorisch und aufgestellt. Einen Tag später meldete er, er hätte Fieber und sei krank.

Ihre Rolle und Ihre Aufgabe

Für morgen haben Sie mit ihm vereinbart, dass Sie gemeinsam einen wichtigen Kunden besuchen gehen werden. Am Abend ruft Sie Herr Pavlovic an und teilt Ihnen mit, dass der Kunde den Termin kurzfristig abgesagt habe. Sie vereinbaren mit Mirco Pavlovic für morgen ein Gespräch.

Sie haben 30 Minuten Zeit, um sich auf das Gespräch vorzubereiten.

Die Rolle von Mirco Pavlovic (Experte)

Sie fühlen sich ausgelaugt und haben grosse Mühe, sich morgens zu motivieren, um an die Arbeit zu gehen, insbesondere da Sie teilweise nachts kaum schlafen können. Manchmal sitzen Sie in Ihrem Büro zu Hause und starren einfach Ihr Mobile an und wissen nicht, wen Sie anrufen oder wo und wie Sie anfangen sollen. Manchmal ertappen Sie sich selbst, dass Sie die Kunden regelrecht als Feinde empfinden. Der deutlich tiefere Lohn aufgrund der eingebrochenen Umsatzprovision hinterlässt auch im Privatbudget Spuren. Ihre Frau ist beunruhigt und stellt Fragen, die Sie sehr gereizt und ausweichend beantworten. Zudem vertragen Sie es nicht mehr, unter Leuten zu sein, weshalb Sie seit einiger Zeit auch nicht mehr an den Donnerstag-Stamm in ihrem Dorf gehen.

Das Verhalten von Mirco Pavlovic:

Wenn Sie auf Ihre Motivation und Ihr Befinden angesprochen werden, reagieren Sie überrascht und spielen alles herunter. Irgendwelche Hilfe lehnen Sie ab, da Sie keine bräuchten. Sie sagen, dass es auch früher Phasen gegeben habe, wo nicht alles wunschgemäss gelaufen sei, aber das gehöre zum Leben eines Verkäufers. Sie hätten alles im Griff und noch einiges am Angel. Man solle Sie nur ihre Arbeit machen lassen. Manchmal müssten auch Sie Geduld haben.

Sie reagieren trotzig und gereizt: Jetzt gehe es mit der Fragerei auch hier los! Nicht er sei krank, sondern die Firma. Japan habe keine Ahnung vom Markt Schweiz und lasse die Handelsniederlassung im Regen stehen. Er habe das Gefühl, man wolle sich aus dem Markt verabschieden. Er könne schon gehen, da er auf einen treuen Kundenstamm zählen könne und es Konkurrenten gäbe, die nur warten, bis er komme.

Sie reagieren kaum, sind niedergeschlagen, lethargisch. Teilweise sind Sie geistig abwesend und hören gar nicht zu. Sie beklagen sich, dass Sie einfach müde seien und sich völlig ausgebrannt fühlten. Sie wüssten manchmal nicht mehr, wo oben und unten sei und wo Sie anfangen sollten.

11.4 Lohnforderung

Vorbereitungszeit: 30 Minuten
Gesprächszeit: 10 Minuten

Ihre Situation

Herr Müller ist seit 25 Jahren Teamleiter in der Produktionsabteilung eines, mittleren Unternehmens im Mittelland. Er führt drei Mitarbeiter, die bereits seit längerer Zeit zusammenarbeiten. Innerhalb des ganzen Betriebes herrscht ein sehr familiäres Klima. Auch ausserhalb der Arbeitszeiten trifft man sich gelegentlich in der Region. Es ist nicht unüblich, dass Mitarbeiter gemeinsam im gleichen Verein oder bei der Feuerwehr tätig sind. Herr Junghans ist 32 Jahre alt und seit acht Jahren als Facharbeiter tätig. Er ist innerhalb der Produktionsabteilung der jüngste Mitarbeiter. Vor acht Jahren wurde Herr Junghans auf Empfehlung von Herrn Müller eingestellt. Dies in einer schwierigen Lebensphase, nach zweijähriger Arbeitslosigkeit. Aktuell ist der Arbeitsmarkt in der Region für Facharbeiter mit mehrjähriger Erfahrung sehr attraktiv. Die Branche boomt und die Auftragsbücher sind voll. Bei einem offiziellen Mitarbeitergespräch stellt Herr Junghans nun die Forderung nach einer substanziellen Lohnanpassung. Andernfalls sehe er sich gezwungen, sich nach einem neuen Job umzusehen.

Ihre Rolle und Ihre Aufgabe

Sie (Herr Müller, Teamleiter) sind über das gesetzte Ultimatum sehr enttäuscht, da Sie das Gefühl haben, dass Herr Junghans zu mehr Dankbarkeit verpflichtet sein sollte. Sie tun sich schwer, sich erpressen zu lassen, und erachten dieses Vorgehen als einen Vertrauensbruch. Einen neuen Facharbeiter zu finden und einzuarbeiten, ist sehr schwierig und teuer.

Die Firma hat momentan ebenfalls volle Bücher und muss wichtige Aufträge dringend termingerecht erfüllen können, da Folgeaufträge davon abhängig sind. Vor der nächsten offiziellen Lohnrunde im Dezember können keine Zusagen betreffend Lohnanpassungen gemacht werden, da die Lohnerhöhungen von der Geschäftsleitung abgesegnet werden müssen und vom Jahresergebnis abhängig sind.

Führen Sie als Herr Müller das kommende Personalgespräch mit Herrn Junghans.

Sie haben 30 Minuten Zeit, um sich auf das Gespräch vorzubereiten.

> ### Die Rolle von Herr Junghans (Experte)
> *Vor acht Jahren wurde Herr Junghans auf Empfehlung von Herrn Müller eingestellt. Dies in einer schwierigen Lebensphase, nach zweijähriger Arbeitslosigkeit. Aktuell ist der Arbeitsmarkt in der Region für Facharbeiter mit mehrjähriger Erfahrung sehr attraktiv. Die Branche boomt und die Auftragsbücher sind voll. Bei einem offiziellen Mitarbeitergespräch stellt Herr Junghans nun die Forderung nach einer substanziellen Lohnanpassung. Andernfalls sehe er sich gezwungen, sich nach einem neuen Job umzusehen.*
>
> *Herr Junghans weiss, dass seine Arbeitskraft und Erfahrung momentan sehr gefragt sind. Herr Junghans hat letztes Jahr geheiratet, und das Ziel des Ehepaares ist es, baldmöglichst in ein Eigenheim zu ziehen. Leider ist das momentane Einkommen dafür zu gering. Aus seiner Sicht ist er jederzeit bereit zu Sonderleistungen. Seit vier Jahren wurde lediglich der Teuerungsausgleich bezahlt, was aus seiner Sicht viel zu wenig ist.*
> *Herr Junghans hat anlässlich einer Betriebsfeier erfahren, dass er wohl innerhalb des Teams rund 20 % weniger verdient. Dies ist aber keine gesicherte Information.*
> *Bisher hat sich Herr Junghans noch auf keine offene Stelle beworben, da er sich – neben den Lohnverhältnissen – eigentlich sehr wohl fühlt.*

11.5 Rauchverbot

Vorbereitungszeit: 30 Minuten
Gesprächszeit: 10 Minuten

Ihre Situation

Sie sind Herr König und sind seit acht Jahren Team- und Schichtleiter in der Produktionsabteilung der Holzbau Linder AG. Sie führen sechs Mitarbeiter. Einer Ihrer Mitarbeiter ist Herr Zumsteg. Er ist 38 Jahre alt und angelernter Schreiner. Er arbeitet seit fünf Jahren in der Firma Linder AG. Vor zwei Jahren hat die Firma ein neues Betriebsreglement mit verstärkten Sicherheits- und insbesondere Brandschutzbestimmungen eingeführt, womit Herr Zumsteg Mühe bekundet. Vor sechs Tagen haben Sie Herrn Zumsteg bei einem Kontrollgang während der Nachtschicht erneut beim Rauchen auf dem Betriebsareal erwischt. Es steht ein Personalgespräch an. Vor sieben Monaten wurde Herr Zumsteg wegen Rauchens auf dem Betriebsgelände offiziell mündlich verwarnt mit Aktennotiz im Personaldossier.

Ihre Rolle und Ihre Aufgabe

Sie haben als Teamleiter die Sicherheit und die Brandschutzbestimmungen strikte durchzusetzen. Laut Betriebsreglement gilt das Rauchverbot seit zwei Jahren nicht nur in der Produktionshalle, sondern auf dem ganzen Betriebsareal. Ausnahmen können nicht geduldet werden. Alle Mitarbeitenden müssen gleichermassen das Rauchverbot einhalten. Herr Zumsteg wurde schon mehrmals wegen Verletzung des Rauchverbots gerügt.

Führen Sie das kommende Personalgespräch mit Herrn Zumsteg durch.

Sie haben 30 Minuten Zeit, um sich auf das Gespräch vorzubereiten.

> ### Die Rolle von Herr Zumsteg (Experte)
> *Herr Zumsteg ist 38 Jahre alt und angelernter Schreiner. Er arbeitet seit fünf Jahren in der Firma Linder AG.*
>
> *Vor zwei Jahren hat die Firma ein neues Betriebsreglement mit verstärkten Sicherheits- und insbesondere Brandschutzbestimmungen eingeführt, womit Herr Zumsteg Mühe bekundet. Vor sechs Tagen hat Herr König Herrn Zumsteg bei einem Kontrollgang während der Nachtschicht erneut beim Rauchen auf dem Betriebsareal erwischt. Es steht ein Personalgespräch an.*
>
> *Vor sieben Monaten wurde Herr Zumsteg wegen Rauchens auf dem Betriebsgelände offiziell mündlich verwarnt mit Aktennotiz im Personaldossier. Herr Zumsteg sieht keine Gefahr, weil er ja ausserhalb der Halle geraucht hat. Schliesslich passe er stets gut auf und es sei noch nie etwas passiert. In der anderen Abteilung werde das Rauchen draussen auch geduldet. Herr Zumsteg arbeitet fleissig und erbringt eine gute Leistung. Im Team geniesst Herr Zumsteg einen guten Rückhalt. Er gilt als guter Kumpel. Herr Zumsteg fühlt sich schikaniert und will sich bei der Gewerkschaft beschweren. Seine Personalakte interessiert ihn nicht.*

11.6   Situation kostpflichtige Kandidat

Vorbereitungszeit: 30 Minuten
Gesprächszeit: 10 Minuten

Ihre Situation

Sie heissen Alex Deisler und sind seit zwölf Jahren Betriebsleiter einer Firma, die Callcenter-Leistungen anbietet. Sie führen neben dem Auftrags- und Beschaffungswesen auch das Callcenter Ost. Sie sind 35 Jahre alt.

Frau Anita Kummer ist 50 Jahre alt und seit acht Jahren als Callcenter-Agentin tätig. Sie ist sehr gewissenhaft und bei ihren Arbeitskollegen beliebt.

Seit zwei Monaten ist auf der gesamten Telefonrechnung der Firma ein Betrag von CHF 2000 aufgefallen. Niemand konnte diese Position definieren. Auch eine Anfrage per E-Mail an alle Mitarbeiter hat nichts gebracht. Vor ein paar Tagen konnte die Swisscom die betroffene Nummer angeben: Es ist die Nummer von Frau Anita Kummer.

–   Bei der Nummer handelt es sich um eine kostenpflichtige Lebensberatung.
–   Die Nummer wurde auch während der Arbeitszeit genutzt.
–   Das Callcenter hat eine hohe Fluktuationsrate.
–   Anita Kummer ist eine gute Mitarbeiterin mit hervorragenden Fachkompetenzen.

Ihre Rolle und Ihre Aufgabe

Ihnen ist es wichtig, mehr über die Hintergründe dieser während der Arbeitszeit getätigten Telefonate zu erfahren. Deshalb führen Sie mit Frau Kummer ein Gespräch.

Sie haben 30 Minuten Zeit, um sich auf das Gespräch vorzubereiten. Viel Erfolg.

> ### Die Rolle von Frau Kummer (Expertin)
> *Sie gesteht die Nutzung der Nummer. Durch die Trennung befindet sie sich in einer schwierigen Lebenssituation. Sie möchte auf alle Fälle die Stelle behalten. Auch die Privatnummer ist mit mehreren Hundert Franken belastet. Frau Kummer befindet sich seit zwei Wochen in einer Therapie.*

11.7 Arbeitsleistung neuer Mitarbeiter

Vorbereitungszeit: 30 Minuten
Gesprächszeit: 10 Minuten

Ihre Situation

Sie sind Geschäftsführer des KMU Unternehmens ORCA Sulmatic. Vor zwei Wochen haben Sie Martin Lanz als neuen Mitarbeiter für Sachbearbeitung und Buchhaltungsarbeiten eingestellt. Nachdem die bestehenden Mitarbeiter/-innen bereits an ihre Kapazitätsgrenzen gestossen sind, fiel Ihre Wahl auf einen gut ausgebildeten Spezialisten. Aufgrund der sehr guten Arbeitszeugnisse und der grossen Berufserfahrung versprechen Sie sich eine qualitativ hochstehende und korrekte Weiterführung des bestehenden Arbeitsgebietes sowie eine kurze Einarbeitungszeit. Ziel ist es, eine spürbare Entlastung und einen reibungslosen Ablauf zu gewährleisten.

Bereits in den letzten zwei Wochen bemerkten Sie bei Herrn Lanz Ungereimtheiten in den Arbeitsabläufen sowie die qualitativ und quantitativ mangelhafte Arbeitsleistung. Nachdem Sie diesen Umstand anfänglich auf Nervosität und neues Umfeld zurückführten, wird Ihnen immer mehr bewusst, dass die Gründe anderenorts zu suchen sind. Da sich Martin Lanz weder ins Team integriert noch mit der Arbeit glücklich erscheint, suchen Sie heute das Gespräch mit ihm. Dies ist zwingend notwendig, da sich im Team bereits Unstimmigkeiten bilden, nachdem die erhoffte Entlastung zur Belastung wird. Die anderen Mitarbeiter kämpfen gegen den extremen Mehraufwand, die die Korrektur der fehlerhaften Arbeiten des neuen Mitarbeiters mit sich bringt.

Ihre Rolle und Ihre Aufgabe

Da der Druck seitens des Personals in der Buchhaltung zunimmt, bitten Sie Herrn Martin Lanz zu einem Gespräch. Sie haben 30 Minuten Zeit, um sich auf das Gespräch vorzubereiten.

> ### Die Rolle von Herrn Martin Lanz (Experte)
>
> *Ihre Lebenssituation im privaten Bereich ist in den letzten Jahren problematisch geworden, weshalb Sie des Öfteren zu viel Alkohol konsumieren. Sie weigern sich, diese Tatsache einzugestehen. Ausserdem können Sie sich schlecht auf Ihre Arbeiten konzentrieren, da Sie die Probleme nicht loslassen.*
>
> *Sie reagieren aggressiv wenn Sie auf Ihre Fehler angesprochen werden. Sie versuchen diese herunterzuspielen und die Schuld bei anderen zu suchen. Sie fühlen sich ertappt und versuchen sich herauszureden. Sie versuchen sich mit fadenscheinigen Argumenten zu rechtfertigen. Sie haben Angst, dass man Sie durchschaut hat und Sie die Stelle verlieren könnten. In finanzieller Hinsicht sind Sie sehr auf dieses Einkommen angewiesen.*
> *Sie reagieren verschlossen und distanziert. Sie möchten sich keine Blösse geben. Weshalb Sie kaum oder nur zurückhaltend zu einem offenen Gespräch bereit sind.*

11.8 Führung und Verkauf

Vorbereitungszeit: 30 Minuten
Gesprächszeit: 10 Minuten

Ihre Situation

Sie übernehmen die Rolle von Daniela Sutter, der neuen jungen Geschäftsführerin von Orell Füssli. Einer Ihrer Mitarbeiter ist Simon Gerber. Er ist wesentlich älter als Sie und arbeitet seit seiner Ausbildung bei Orell Füssli. Der 45-jährige Simon Gerber hat dort bereits die Lehre als Offsetdrucker gemacht und ist seither in einer Teamleiterfunktion und der Firma immer treu geblieben. An Sitzungen leistet er starken Widerstand und bringt Unruhe in den ganzen Verlag. Er sagt jeweils indirekt, dass wir nicht aktiv zu verkaufen brauchten – schliesslich seien wir nicht auf einem Marktplatz.
Sie haben in den Unterlagen gesehen, dass Simon Gerber die Ziele in den letzten zwei Jahren bei Weitem nicht erreicht hatte. Es erstaunt Sie deshalb, dass Simon Gerber noch eine Leistungsprämie von CHF 2000.00 erhalten hat.

Sie haben festgestellt, dass Simon Gerber in der Druckerei vor allem sehr lange «telefonische Beratungen» macht (d. h. vor allem mit den Kunden unnötig plaudert). Aus Ihrer Sicht ist Simon Gerber viel zu wenig geschäftsorientiert und muss in dieser Hinsicht seine Leistungen dringend verbessern.
Im Rahmen einer speziellen Aktion für das Rote Kreuz ist Ihnen noch etwas Besonderes aufgefallen: Seit Kurzem verkauft Orell Füssli für das Rote Kreuz Bücher für 25 Franken. Nach Abzug des Einstandspreises von 5 Franken gehen 10 Franken davon an das Rote Kreuz und 10 Franken an die Orell Füssli. Zufällig bekommen Sie mit, wie Simon Gerber einer Kundin rät, nicht zu kaufen, sondern dem Roten Kreuz direkt 25 Franken zu überweisen, damit alles ankomme und Orell Füssli nicht einfach 10 Franken behalte. Sie haben sofort Simon Gerber darauf angesprochen und ein Gespräch für den Folgetag vereinbart.

Ihre Rolle und Ihre Aufgabe

Sie haben das Gefühl, dass Sie von Simon Gerber nicht als neue Chefin akzeptiert werden, und spüren von ihm einen unangenehmen Widerstand. Simon Gerber ist jetzt in Ihrem Büro und Sie eröffnen das Gespräch.

Sie haben 30 Minuten Zeit, um sich auf das Gespräch vorzubereiten.

Rolle von Simon Gerber (Experte)

Sie sind ein 45-jähriger Mitarbeiter bei der Orell Füssli an der Bahnhofstrasse in Zürich. Sie haben dort bereits Ihre Lehre als Offsetdrucker gemacht und sind seither in einer Teamleiterfunktion und der Firma immer treu geblieben.

Sie kennen alle Prozesse perfekt und unterstützen auch gerne andere, jüngere Mitarbeitende. Kunden beraten Sie sehr ausführlich und bedauern es, dass die Jüngeren in dieser Hinsicht viel zu wenig machen.

In letzter Zeit hat sich sehr vieles verändert und Sie finden, es wird nur immer alles schlechter. Zudem ist in den letzten Jahren der Verkauf immer wichtiger geworden und Sie verkaufen überhaupt nicht gerne. Sie kommen auch mit den neuen Zielen, die sehr stark den Verkauf einbeziehen, nicht gut zurecht. Der vorhergehende Geschäftsleiter (er ist nun pensioniert) hatte Sie immer gut bewertet. Bevor er in die Pension ging, hatte er Ihnen sogar noch eine Leistungsprämie von CHF 2000.00 bezahlt.

Vor Kurzem haben Sie eine neue Chefin bekommen, Frau Daniela Sutter. Sie ist wesentlich jünger als Sie und Sie kommen mit ihr nicht klar. Es ärgert Sie, dass diese junge Person Ihnen dauernd Vorschriften macht und Sie ständig drängt, noch mehr Aufträge zu erhalten. Sie haben schliesslich viel mehr Erfahrung als Daniela Sutter.

Seit Kurzem macht Orell Füssli für das Rote Kreuz eine Buchkampagne für 25 Franken je verkauftes Buch. Sie wissen, dass davon nur gerade 10 Franken an das Rote Kreuz gehen und 10 Franken an Orell Füssli (plus 5 Franken für den Einstandspreis). Sie finden dies absolut skandalös. Der Buchverlag war früher immer so sozial. Jetzt geht er sogar unter die «Abzocker» und stiehlt dem Roten Kreuz 10 Franken!

Sie klären deshalb jeweils die Kunden, meistens sind es Lieferanten, über diesen Sachverhalt auf und ermuntern sie, direkt eine Einzahlung von 25 Franken an das Rote Kreuz zu machen (somit geht das ganze Geld an das Rote Kreuz). Gestern hat sie Daniela Sutter dabei erwischt und gesagt, dass sie diese Angelegenheit mit Ihnen besprechen möchte.

Lösungen

Kapitel 12

12 Lösungen

12

Lösungen

Lösungen zu Kapitel Fallstudie Lastwagen Garage Kurz AG

Aufgabe 1 (36 Punkte)

a) Sie führen im Auftrag der Brüder Peter und Paul Kurz eine Standortbestimmung hinsichtlich der weiteren strategischen Ausrichtung durch. Ziel ihrer Analyse ist es, im Rahmen der nächsten Strategietagung die mögliche Weiterentwicklung des Unternehmens zu planen. Beurteilen Sie die folgenden Geschäftsbereiche und ergänzen Sie die Tabelle mit je zwei Antworten (in Stichworten):

Lösungsvorschlag:

Geschäftsbereich	Chancen	Gefahren
Verkauf DAF/MAN	– Markenvertretung zweier innovativer, sich ergänzender Marken – Breite Palette an Euronorm 6-kompatiblen Fahrzeugen bereits verfügbar – Nischensegment-Marken mit Wachstumschancen (gutes Preis-Leistungs-Verhältnis)	– Der Verkauf von/Bedarf an Nutzfahrzeugen stagniert seit Jahren und könnte aufgrund der Eröffnung der NEAT weiter zurückgehen. – Verschärfte Konkurrenz durch direkten Verkauf der Importeure oder Verlust der Markenvertretung
Reparatur MFK	– Die erhöhten Anforderungen an die Infrastruktur können nicht alle Garagen erfüllen (Kosten, Platzverhältnisse, Know-how), das könnte zu einer Konsolidierung führen, die der Lastwagen Garage Kurz AG grössere Marktanteile ermöglicht. – Das geplante Verteilzentrum bietet die Chance, eine hohe Anzahl zusätzlicher Fahrzeuge für wenige Grosskunden zu gewinnen.	– Geringer Investitionsschutz für die Beschaffung der neuen Messgeräte und der zusätzlichen Prüfinfrastruktur, wenn gleichzeitig weitere Mitbewerber in den Markt einsteigen – Politischer Widerstand der Nutzfahrzeug-Verbände gegen zusätzliche Prüfungen/verschärfte Vorschriften
Reparaturen	– Das geplante Verteilzentrum bietet die Chance, eine hohe Anzahl zusätzliche Fahrzeuge für wenige Grosskunden zu gewinnen. – Wachstumschance für Reifenservicegeschäft und MFK aufgrund des Neubaus eines nationalen Verteilzentrums – Erhöhte Nutzung des nationalen Pannendienstes	– Das Verteilzentrum wird aufgrund von Einsprachen der Anwohner respektive der Umweltverbände nicht realisiert. – Der Importeur steigt selbst ins Wartungsgeschäft mit Grosskunden ein. – Ein neues Pneuzentrum für Lkws wird aufgrund der Verteilzentrale in unmittelbarer Nähe gebaut.

Geschäftsbereich	Chancen	Gefahren
Sonderbau	– Erhöhter Bedarf an Spezialfahrzeugen im Bereich Kühlwagen nimmt aufgrund des geplanten Verteilzentrums zu. – Expansion mittels zusätzlicher Spezialfahrzeuge, z. B. Schneeräumungsfahrzeuge, Feuerwehrfahrzeuge	– Hoher Investitionsbedarf für den Aufbau des zusätzlich erforderlichen Fachwissens – Wenn die technische Infrastruktur ausgebaut werden muss und alles gleichzeitig realisiert wird (Showroom, MFK, Sonderbau), gibt es einen Liquiditätsengpass. – Die finanziellen Risiken (Haftung, Garantiearbeit) aufgrund komplexerer technischer Lösungen steigen.

b) Sie wurden von Paul Kurz beauftragt, dessen persönliche Pendenzen stellvertretend korrekt zu planen. Markieren Sie in die entsprechende Spalte mit «x», wer für die Erledigung verantwortlich ist:

Lösungsvorschlag:

Aufgabe	Persönlich erledigen	Delegieren
Erstellen der Stellenbeschreibung für alle Abteilungsleiter	x	
Plan für den Ausbau der MFK-Infrastruktur erstellen		x
Schulung planen und durchführen, um die neuen Prüfmittel im Bereich MFK zu beherrschen		x
Erstellung eines Konzepts für einen Kundenevent		x
Entwurf für Absatz/Umsatzplanung für das Folgejahr erstellen		x
Bestehende Serviceverträge (Kundenverträge) erneuern		x
Mitarbeitergespräche durchführen	x	

12

Lösungen

c) Paul Kurz kämpft mit gesundheitlichen Problemen. Beide Brüder möchten aufgrund ihres Alters kürzertreten. Ihre Söhne befinden sich jedoch noch in Ausbildung und sind erst in ca. zehn Jahren in der Lage, in die Fussstapfen ihrer Väter zu treten. Um die Zeit zu überbrücken, suchen die Geschäftsinhaber einen Geschäftsführer als Übergangslösung. Welche Anforderungen müsste ein Geschäftsführer aus Ihrer Sicht erfüllen?

Bitte nennen Sie je drei Führungsfähigkeiten, Kenntnisse von relevanten Führungssystemen sowie fachliche Qualifikationen, die ein geeigneter Kandidat aufweisen sollte.

Lösungsvorschlag:

Eigenschaften	Bezeichnung in Stichworten
Führungsfähigkeiten	– Vorbildfunktion wahrnehmen – Vertrauensbeziehungen aufbauen können – Neuerungen initiieren können – Fähigkeiten von Mitarbeitern entwickeln können – Coaching von Mitarbeitern zur Stärkung des Selbstbewusstsein – Ziele vereinbaren und Leistungen fair beurteilen können – Ehrlich und konstruktiv Feedback geben können
Anwendungskompetenzen der Führungssysteme	– Planungssystem (z. B. Budget oder Absatzmengen) – Anreizsysteme (z. B. Umsatzprovision oder Leistungslohnsystem) – Qualitätssicherungssystem (z. B. ISO 9000) – Personalentwicklungssystem (z. B. Mitarbeiterbefähigungssystem) – Kundenbeziehungssystem (CRM-System - Customer Relationship Management)
Fachliche Qualifikation	– Fachliche Führung der Lernenden (Meisterprüfung) – Fachleitung, z. B. Reparatur, MFK-Vorbereitung oder Pneu-Service – Verkaufserfahrung oder Ausbildung zum Verkaufsleiter – Betriebswirtschaftliche Kenntnisse, z. B. Buchhaltung, Reporting – Weiterbildung im Bereich Betriebswirtschaft/Unternehmensführung – CAD-Konstruktionsfachwissen

d) Die beiden Geschäftsinhaber Peter und Paul Kurz möchten basierend auf den im Rahmen der Strategietagung identifizierten Massnahmen das Unternehmen weiterentwickeln. Als Entscheidungsgrundlage, welche Massnahmen umgesetzt werden, benötigen sie Grobkonzepte. Jedes Grobkonzept soll die wichtigsten Vorgehensschritte, das erwartete Ergebnis, die Zuständigkeit sowie die Risiken beinhalten.

Beschreiben Sie die einzelnen Aspekte in Stichworten.

Grobkonzept 1:
Infrastruktur aufbauen, um die verschärften Auflagen für die MFK technisch erfüllen zu können:

Lösungsvorschlag:

Vorgehens schritt Nr.	Beschreibung	Ergebnis	Zuständigkeit	Risiko
1	Analyse der neuen Prüfverfahren	Liste aller technischen Hilfsmittel respektive Anpassungen / Erweiterung bestehender Hilfsmittel	Teamleiter MFK	Ungenügende Fachkenntnisse
2	Lieferanten-evaluation (Liste von möglichen Lieferanten ermitteln)	Nutzwertanalyse der einzelnen Systeme respektive Lieferanten	Teamleiter MFK	– Ungenügende Fachkenntnisse – Geräte sind nicht rechtzeitig verfügbar
3	Gebäudekonzept erstellen	Umbau und Installationskonzept	Lieferanten / Teamleiter MFK	– Angaben von Lieferanten erweisen sich als unzutreffend – Platzverhältnisse verunmöglichen die erforderlichen baulichen Anpassungen
4	Kostenermittlung	Kostenvorschlag mit +/– 20 % Genauigkeit	Lieferanten / Teamleiter MFK	– Ungenügende Kostenschätzgenauigkeit – Hohe Kostenabweichungen

Grobkonzept 2:
Showroom erneuern, um das Kundenerlebnis zu verbessern:

Lösungsvorschlag:

Vorgehens schritt Nr.	Beschreibung	Ergebnis	Zuständigkeit	Risiko
1	Innenarchitekt suchen	Liste von Innenarchitekten mit vergleichbaren Referenzen	Peter und Paul Kurz	Es findet sich kein geeigneter Architekt.
2	Rahmenbedingungen klären	Zielkatalog und Lösungs-varianten sind identifiziert	Innenarchitekt und Peter/Paul Kurz	Auflagen der beiden Importeure widersprechen sich inhaltlich.
3	Raumgestaltungskonzept erstellen	Grobkonzept Visualisierung des neuen Showrooms	Innenarchitekt	Konzept
4	Kostenermittlung	Kostenvorschlag mit +/– 20% Genauigkeit	Innenarchitekt	– Ungenügende Kostenschätzgenauigkeit – Hohe Kostenabweichungen

Lösungen

12

e) Nennen Sie drei Ihnen bekannte Personalführungssysteme und beschreiben Sie deren Prinzip stichwortartig.

Lösungsvorschlag:

Konzept	Beschreibung
Management by Objectives (MbO)	Führen durch Zielvereinbarung Die Ziele werden systematisch über alle Hierarchiestufen auf jeden Mitarbeiter heruntergebrochen und vereinbart.
Management by Delegation (MbD)	Führen durch Delegation Aufgaben werden mittels Delegation dauerhaft einem Mitarbeiter übertragen. Gemeinsam werden die Kompetenzen und die Verantwortung geklärt sowie die detaillierten Inhalte geklärt.
Management by Exception (MbE)	Führen durch die Kontrolle von Abweichungen Aufgaben werden dauerhaft einem Mitarbeiter übertragen. Dieser muss nur im Falle einer Abweichung oder bei Problemstellungen, deren Handhabung durch die AKV-Regelung nicht definiert ist, Rücksprache mit dem Vorgesetzten nehmen.

f) Der Führungssystem Typ Management by Objectiv (MbO) eignet sich aufgrund der Vielfalt an unterschiedlichen Zieldimension der einzelnen Mitarbeiter sowie der sehr unterschiedlichen AKV am besten. Wählen Sie ein Führungssystem aus, das sich für alle Positionen/Mitarbeiter der Garage Lastwagen Garage Kurz AG gleichermassen eignet. Beschreiben Sie für das von Ihnen gewählte Führungssystem, wie der Prozess inhaltlich abläuft.

Lösungsvorschlag:

Nr.	Beschreibung Prozessschritt
1	SMART-konforme Unternehmensziele schriftlich festlegen.
2	Unternehmensziele auf die Abteilungen aufteilen respektive zuweisen. Anpassungen SMART-konform beschreiben
3	Besprechen und vereinbaren der Bereichsziele mit den Führungskräften.
4	Bereichsverantwortliche brechen ihrerseits die Bereichsziele auf die einzelnen Mitarbeiter herunter und besprechen respektive vereinbaren diese gemeinsam.
5	Zwischengespräche führen mit dem jeweiligen Mitarbeiter. Austausch der Fremd- und Selbsteinschätzung in Bezug auf Zielerreichungsgrad/-chancen/Fortschritt. Bei Bedarf Anpassung der Ziele oder vereinbaren von zusätzlichen Massnahmen zur Sicherstellung der Zielerreichung.
6	Abschlussgespräche mit dem jeweiligen Mitarbeiter führen. Austausch der Fremd- und Selbsteinschätzung in Bezug auf den Zielerreichungsgrad. Bestimmen allfälliger Lohnerhöhungen/Bonuszahlungen zur Belohnung der Zielerreichung.

g) Sie werden von Peter und Paul Kurz gebeten, einen Entwurf für ein Formular zu erstellen, das den MbO-Prozess (Management by Objectives) unterstützt/abbildet. Nennen Sie fünf wichtige Elemente und beschreiben Sie diese in Stichworten.

Lösungsvorschlag:

Elemente	Beschreibung
Aufbau, Ablauf des Gesprächs	Die wesentlichen Schritte sowie die terminliche Abfolge des Beurteilungsprozesses sollte verständlich beschrieben werden (z. B. grafisch). Diese Transparenz erhöht das Vertrauen des Mitarbeiters bezüglich der Fairness und der Verständlichkeit des Prozesses.
Selbstbeurteilung	Erfassungsmöglichkeit der Zielerreichung durch den Mitarbeiter
Fremdbeurteilung	Erfassungsmöglichkeit der Zielerreichung durch den Vorgesetzten
Befindlichkeit	Erfassungsmöglichkeit der Befindlichkeit des Mitarbeiters mit seiner Situation
Zukunftswünsche	Erfassungsmöglichkeit der beruflichen Entwicklungswünsche des Mitarbeiters
Entwicklungsschritte	Der Vorgesetzte hält die möglichen respektive vereinbarten Entwicklungsschritte fest.
Einverständnis	Der Mitarbeiter muss die Möglichkeit haben, sein Einverständnis bezüglich der Aussagen/Bewertungen schriftlich festzuhalten: – Einverstanden – Nicht einverstanden/eingesehen

Aufgabe 2

(44 Punkte)

a) Erstellen Sie das Organigramm der Lastwagen Garage Kurz AG, basierend auf den Angaben der Fallstudie.

Lösungsvorschlag:

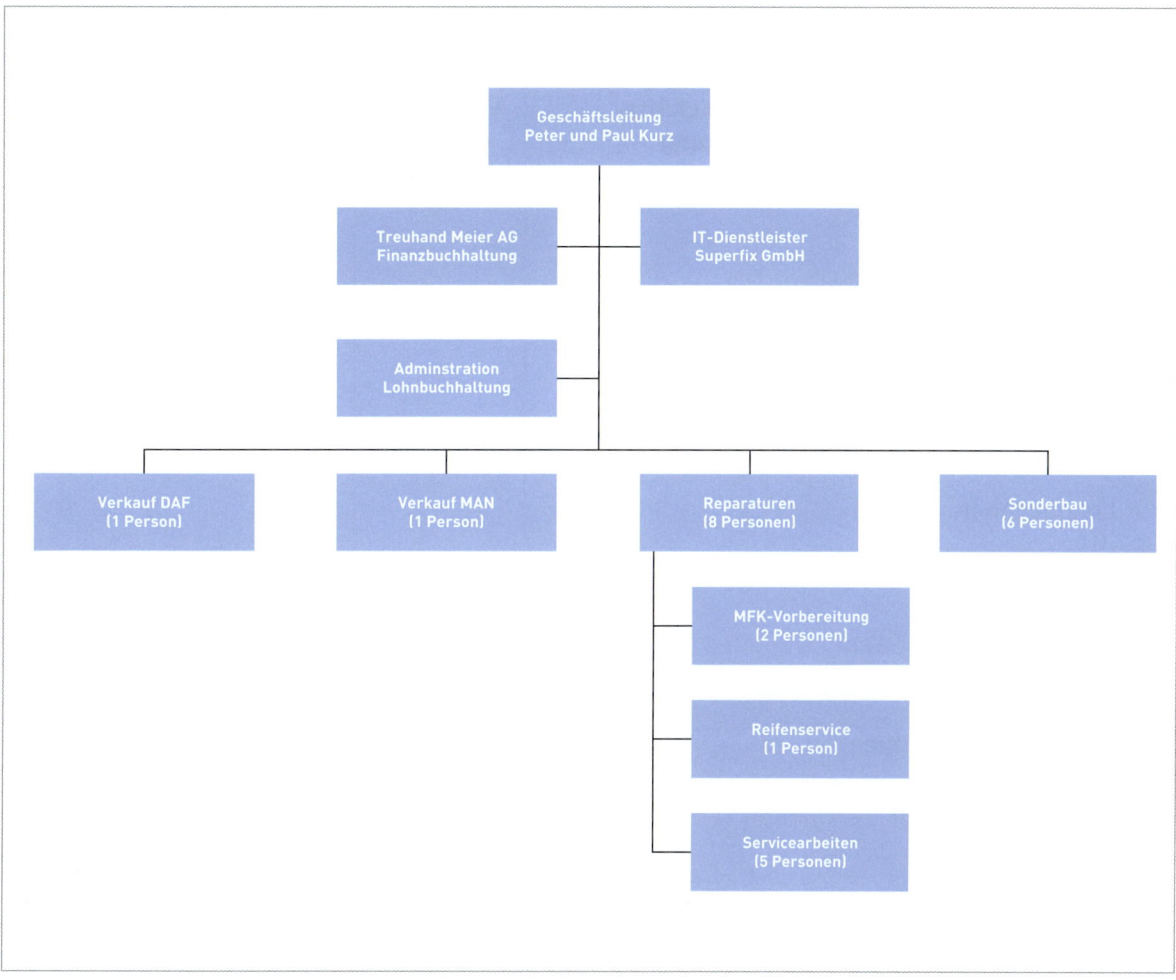

b) Komplettieren Sie das nachfolgende Funktionsdiagramm der Lastwagen Garage Kurz AG, basierend auf den Angaben der Fallstudie. Ordnen Sie jeder Aufgabe gemäss der RACI-Methode die entsprechende Rolle zu.

Funktionsdiagramm

Lösungsvorschlag:

Aufgabe/Tätigkeit	Geschäfts-leitung	Verkauf	Reparatur	Administra-tion
Offerten Neufahrzeuge	A	R	–	I
Auslagerung von Tätigkeiten an Dritte	A/R	–	C	C/I
Auslieferung Neufahrzeuge	I	A/R	C	I
Ersatzteilbewirtschaftung	–	–	A/R	I
Lohnbuchhaltung	A	–	–	R
Rechnungsstellung	–	I	C	A/R
Rapporterstellung Wartungsarbeiten	–	–	A/R	I
Reifenbewirtschaftung	–	–	A/R	I
Strategie festlegen	A/R	C/I	I	–

c) Nennen Sie die wichtigste konzeptionelle Grundlage, die jeder Stellenbeschreibung zugrunde liegen sollte.

Lösungsvorschlag:

Jede Stelle sollte ein Gleichgewicht zwischen den der Stelle zugewiesenen Aufgaben, der Kompetenz

und der zugehörigen Verantwortung aufweisen. Diese Regel wird oft auch als AKV-Regel bezeichnet.

d) Der Outsourcing-/Dienstleistungsvertrag mit der Firma Superfix GmbH läuft per Ende des Kalenderjahres aus. Der Geschäftsführer löst seine Firma altershalber auf. Dies zwingt die Geschäftsleitung, sich zu entscheiden, welchem Partner der Betrieb und die Wartung der IT-Infrastruktur zukünftig übergeben wird. Als Alternative könnte die Lastwagen Garage Kurz AG die IT-Dienstleistungen auch selbst erbringen. Beschreiben Sie in Stichworten, in welchen acht Vorgehensschritten die Geschäftsleitung eine Entscheidungsgrundlage erarbeiten könnte. Beschreiben Sie die Vorgehensschritte stichwortartig.

Lösungsvorschlag:

Schritt	Beschreibung
1	Ist-Aufnahme Dienstleistungsumfang und Infrastruktur
2	Ermittlung der bisherigen Kosten
3	Zukünftiger Dienstleistungsumfang inkl. Beurteilungskriterien (in Form von Leistungskennzahlen wie KPI) erheben
4	Nutzwertanalyse inkl. Gewichte der Bewertungskriterien
5	Mögliche Dienstleister identifizieren
6	Offerten einholen
7	Konzept für Leistungserbringung durch die eigene Firma
8	Bewertung aller Optionen (make or buy) auf einer Basis der Nutzwertanalyse
9	Vertragsverhandlung kommerziell mit den zwei besten Anbietern
10	Entscheid und Vertragsabschluss

e) Im Rahmen des Projekts zur Erweiterung der MFK-Prüfinfrastruktur soll eine Vorstudie respektive einer Machbarkeitsstudie durchgeführt werden. Welchem Zweck dient diese Studie? Beantworten Sie die Frage in vollständigen Sätzen.

Lösungsvorschlag:

Es werden basierend auf den Anforderungen des Auftragsgebers verschiedene Realisierungsvarianten erarbeitet und systematisch bewertet. Diese Phase wird häufig auch als Machbarkeits- oder Vorstudie bezeichnet. Basierend auf dem Resultat der Konzeptphase wird häufig entschieden, ob eine Realisierung vorgenommen wird oder nicht.

f) Peter und Paul Kurz erstellen die ersetzen durch vier konkrete Ziele für das Projekt der Erweiterung der MFK-Prüfinfrastruktur. Beschreiben Sie konkrete Ziele des Projektauftrags, die den SMART-Kriterien genügen.

Lösungsvorschlag:

Ziel	Beschreibung
1	Die Importeure erneuern den Vertrag für die Markenvertretung um weitere fünf Jahre, da durch den Umbau des Showrooms alle Auflagen erfüllt werden.
2	Es können pro Marke und Jahr in den nächsten drei Jahren pro Jahr drei Neukunden gewonnen werden.
3	Die jährliche Kundenbefragung weist für den jährlich stattfindenden Kundenevent im neuen Showroom eine Kundenzufriedenheit von ≥ 8 auf einer Skala von 1 bis 10 Punkten auf.
4	Die Betriebskosten des neuen Showrooms ermöglichen eine Reduktion der Betriebskosten um 10 % gegenüber den aktuellen Kosten (z. B. weniger Heizungskosten aufgrund besserer Isolation).
5	Das erweiterte Nutzungskonzept des Showrooms wird im ersten Jahr der Nutzung pro Monat mindestens einmal von einem externen Veranstalter genutzt. Ab dem zweiten Jahr der Nutzung erhöht sich die Nutzung auf 24 Veranstaltungen.
6	Das erweiterte Nutzungskonzept führt zu zusätzlichen Kundenanfragen. Das Anfragevolumen erhöht sich im ersten Jahr um 10 % gegenüber dem aktuellen Anfragevolumen.
7	Die erweiterte Nutzung des Showrooms ermöglicht es im ersten Jahr, $\geq 10\,\%$ Betriebskosten zu finanzieren. Ab dem zweiten Jahr der Nutzung können $> 20\,\%$ der Betriebskosten finanziert werden.

g) Die Geschäftsführer sind sich nicht sicher, ob sie innerhalb der Firma über das erforderliche Fachwissen sowie die Erfahrung verfügen, um den Projektleiter für die Realisierung des Infrastrukturausbau für die neue MFK intern besetzen zu können. Da Sie mit der Geschäftsführung eng befreundet und selbst ein erfahrener Projektleiter sind, wurden Sie gebeten, ein Raster für den Aufbau der Stellenbeschreibung des Projektleiters zu erstellen. Dieses Raster soll den Aufbau und die Struktur der Stellenbeschreibung, nicht aber deren Inhalt umfassen. Nennen Sie die sechs wesentlichsten Punkte.

Nr.	Inhaltliche Elemente
1	Organisatorische Eingliederung
2	Zielsetzung der Stelle
3	Aufgaben
4	Kompetenzen

Nr.	Inhaltliche Elemente
5	Verantwortung
6	Organisatorische Beziehungen
7	Anforderungen an den Stelleninhaber

h) Um die Auflagen für den neuen Showroom erfüllen zu können, wird im Rahmen der Vorstudie respektive Machbarkeitsstudie klar, dass der bestehende Standort nicht infrage kommt. Es wird ein Käufer für das bestehende Gebäude gesucht und gefunden. Die Suche für einen allfälligen neuen Standort bringt jedoch nur Standorte zutage, die deutlich ausserhalb des aktuellen Dorfes liegen. Das hätte zur Folge, dass viele Mitarbeiter nicht mehr wie bisher zu Fuss zur Arbeit kommen könnten, sondern auf ein Fahrzeug angewiesen wären. Gleichzeitig könnten viele Angestellte ihre Mittagspause nicht mehr zu Hause verbringen. Wie würden sie als Geschäftsführung den zu erwartenden Widerständen begegnen? Nennen Sie stichwortartig vier Massnahmen.

Nr.	Massnahmen
1	Betroffene zu Beteiligten machen, indem sie in die Wahl des Standortes einbezogen werden
2	Betroffene frühzeitig und persönlich informieren
3	Betroffenen die Konsequenzen aufzeigen, die für die Organisation entstehen, wenn die Veränderung nicht angegangen wird → Potenzieller Verlust der Markenvertretungen
4	Betroffenen Zeit geben, sich mit der neuen Situation auseinanderzusetzen
5	Mit Betroffenen, die sich mittelfristig nicht mit der neuen Situation anfreunden können, gilt es eine einvernehmliche Trennung zu suchen → Blockieren von Veränderungsunwilligen vermeiden
6	Unterstützungsangebote unterbreiten, um die Übergangszeit des Wechsels abzufedern. Zum Beispiel mit Personentransport der Mitarbeiter an den neuen Arbeitsort oder der finanziellen Unterstützung von Fahrgemeinschaften etc.

i) Beschreiben Sie stichwortartig vier Elemente, die für die Planung von Projekten von Bedeutung sind.

Lösungsvorschlag:

Planungselemente	Erläuterung, Beschreibung
Projektstrukturplan	Der Projektstrukturplan beschreibt, in welche Teile die Lösung der Aufgabe zerlegt wird.
Projektablaufplan	Der Projektablaufplan beschreibt die Ablaufreihenfolge (Chronologie) der einzelnen Realisierungsschritte sowie allfällige Abhängigkeiten zwischen den einzelnen Schritten des Gesamtablaufs.
Projekt-Mittelbedarfsplan	Der Projekt-Mittelbedarfsplan beschreibt die zur Bearbeitung der einzelnen Realisierungsschritte erforderlichen Mittel.
Projekt-Terminplan	Der Projekt-Terminplan beschreibt den Zeitpunkt respektive das Zeitfenster, wann einzelne Realisierungsschritte stattfinden werden.

Aufgabe 3 (20 Punkte)

a) Die Eröffnung des neuen Showrooms soll gebührend gefeiert werden. Sie wollen möglichst viele bestehende Kunden für die Teilnahme an der Eröffnungsfeier begeistern. Erstellen und gestalten Sie für die Geschäftsleitung ein entsprechendes Einladungsschreiben in Form eines Geschäftsbriefes. Das Unterhaltungsangebot sieht folgende Themen vor:

- Kinderattraktion
- Gediegene Verpflegung
- Information Markenvertretung
- Kultureller Input

Lösungsvorschlag:

Firmenbriefpapier (Logo)

Kundenanschrift

Ort, Datum

Einladung zur Neueröffnung unseres Showrooms

Wir laden Sie herzlich zur Teilnahme an der Eröffnungsfeier unseres neu gestalteten Showrooms am 15. Juni 2015 ein.

Gerne stellen wir Ihnen die neuen Modelle unserer beiden Markenvertretungen vor Ort vor, es besteht die einmalige Möglichkeit, mit einem Lkw-Simulator unterschiedlichste Fahrzeugtypen realitätsnah zu testen.

Für Kinder gibt es von 14:00 bis 16:00 Uhr eine Gokart-Rennstrecke auf unserem Firmengelände. Kinder werden durch die Lernenden unseres Unternehmens professionell betreut.

Ab 18:00 Uhr bewirten wir Sie mit einem Apéro riche, anschliessend zeigen wir Ihnen die Multimedia-Präsentation zu Jo Siffert als Ikone des Schweizer Automobilrennsports. Im Anschluss lassen wir den Abend bei Kaffee und Kuchen ausklingen.

Gerne können Sie Freunde oder Bekannte mitbringen. Wenn Sie uns per SMS bis zum 12. Juni mitteilen, wie viele Personen Sie begleiten, erleichtern Sie uns die Organisation. Es gibt einen Shuttle-Service vom S-Bahnhof zu unserem Firmengelände und zurück zwischen 14:00 und 21:00 Uhr.

Wir freuen uns darauf, Sie und Ihre Familie am 15. Juni vor Ort begrüssen zu dürfen.

Freundliche Grüsse

Peter Kurz   *Paul Kurz*
Peter und Paul Kurz

---

b) Der bevorstehende Umzug des Firmenstandortes löst Unruhe innerhalb der Belegschaft aus. Um der Verunsicherung und dem allfälligen Widerstand der Belegschaft zu begegnen, organisieren Peter und Paul Kurz einen Informationsanlass. Erstellen Sie ein Einladungsschreiben inklusive einer Agenda, sodass möglichst viele Mitarbeiter zu einer aktiven Teilnahme motiviert werden.

Lösungsvorschlag:

Liebe Mitarbeiterinnen

Liebe Mitarbeiter

Wir möchten Sie persönlich über die Gründe für den Umzug unserer Firma informieren. Wir sind uns

bewusst, dass der Umzug unseres Firmensitzes für Sie mit Veränderungen verbunden ist. Gemeinsam

mit Ihnen möchten wir nach Lösungen suchen, wie wir diese Veränderung bestmöglich gestalten können.

Als Vorbereitung bitten wir Sie, sich Gedanken zu machen, mit welchen Massnahmen Sie den

Veränderungen begegnen möchten, um die persönlichen Nachteile des Umzuges zu verringern.

Termin: 09:00 Uhr, 5. Mai 2015

Treffpunkt: Showroom

Teilnehmer: Alle Mitarbeiterinnen und Mitarbeiter

Dauer: 2 Stunden

Agenda:

– Peter und Paul Kurz erläutern die Gründe für den Umzug der Firma	15 Minuten
– Architekt Pierre Müller stellt das Projekt für den Neubau vor	15 Minuten
– Beantworten der Fragen der Mitarbeiter	30 Minuten
– Workshop zur Entwicklung von Ideen zur Reduktion der Nachteile	60 Minuten

c) Im Rahmen der Einführung der ISO 9000-Zertifizierung möchte die Geschäftsleitung die hohen Qualitätsansprüche in einem firmeneigenen Qualitätsleitbild für die Zielgruppen (Kunden, Mitarbeiter, Partner) festhalten. Schlagen Sie den Geschäftsführern drei aus Ihrer Sicht wesentliche Qualitätsansprüche in Form ganzer Sätze vor.

Lösungsvorschlag:

Qualitätsanspruch Zielgruppe	Beschreibung
Kunden	Wir vertreiben nur Produkte, von denen wir wissen, dass sie Ihren Anforderungen genügen.
Kunden	Wir richten unsere Dienstleistung darauf aus, dass die Verfügbarkeit Ihres Fuhrparks jederzeit Ihren Erwartungen entspricht.
Partner	Gemeinsam setzen wir uns für den bestmöglichen Service unserer Kunden ein.
Mitarbeiter	Damit wir den Qualitätsansprüchen unserer Firma genügen, unterstützen wir Sie bei Ihrer persönlichen Weiterbildung.
Mitarbeiter	Die Einhaltung und kontinuierliche Verbesserung unserer firmeneigenen Prozesse stellen wir mit Stolz sicher.

d) Die Geschäftsleitung möchte mit den Feierlichkeiten der Einweihung des neuen Showrooms eine regionale mediale Verbreitung/Kommunikation sicherstellen. Schlagen Sie Peter und Paul Kurz drei konkrete Massnahmen vor, mit denen ein möglichst grosses und breites Publikum erreicht werden kann. Beschreiben Sie die einzelnen Massnahmen stichwortartig.

Lösungsvorschlag:

Massnahme	Beschreibung
Lokalradio	Live-Berichterstattung vor Ort
Lokalradio	Veranstaltungshinweis
Regionalfernsehen	Live-Berichterstattung vor Ort
Regionalfernsehen	Veranstaltungshinweis
Tageszeitungen	Bericht über die Veranstaltung
Fachzeitschrift	Interview Geschäftsführung / Fotoreportage Event
Plakate	Veranstaltungshinweis

Lösungen zu Kapitel Grundlagen der Führung

1. Definieren Sie den Begriff «Führung» in einem Satz.

   Die Führung versucht auf das eigene Handeln und auf das von Dritten mit unterschiedlichsten

   Führungsinstrumenten einzuwirken. Damit sollen die definierten Unternehmens- und

   untergeordneten Ziele erreicht werden.

2. Nennen Sie vier Hauptaufgaben einer Führungskraft.

   Planen, Steuern, Lenken und Kontrollieren

3. Warum ist bei der Führung der Zielformulierungsprozess wichtig?

   Um eine Gruppe oder eine Abteilung wirkungsvoll zu führen, ist eine klar definierte Zielsetzung (SOLL)

   notwendig. Unabhängig vom Führungsstil des Vorgesetzten sollten die Mitarbeitenden den Weg zu

   diesem Soll-Zustand selbstständig bestimmen können.

4. Nennen Sie den Unterschied zwischen strategischen und operativen Zielen.

   Strategische Ziele: (langfristige Ziele)

   Beispiel: Wir wollen durch perfekte Zuverlässigkeit und Pünktlichkeit für unsere Kunden

   unentbehrlich werden.

   Operative Ziele: (kurzfristige Ziele)

   Arbeitsalltag, z. B. Auslieferung vollständig und termingerecht ausführen.

5. Nennen Sie drei wirtschaftliche Veränderungen aus der Wirtschaft, die Führungskräfte vor grosse Herausforderungen stellen.

   – Firmenreorganisationen

   – Einführung von Arbeitsformen wie Jobsharing, autonome Arbeitsteams etc.

   – Technologischer Wandel

   – Wirtschaftliche Einflussfaktoren

6. Die genannten betriebswirtschaftlichen Veränderungen prägen viele Unternehmen. Wie kann eine Führungskraft ihre Mitarbeitenden bei diesen Veränderungen aktiv unterstützen? Nennen Sie drei Massnahmen.

– Stufengerechte, zeitgerechte und transparente Mitarbeiterinformation

– Notwendigkeit von Veränderungen sichtbar machen

– Berufliche Schulungen bis hin zu Arbeitsplatzwechsel anbieten

7. Gerade prozessorientierte Firmen fordern von den Mitarbeitenden eine hohe Anpassungsfähigkeit an die stetig wechselnden Bedingungen. Welchen Anforderungen müssen deren Führungskräfte gerecht werden?

– Hohe Flexibilität durch den ständigen Prozesswandel

– Chefs sind fähig, Visionen, Ziele und Strategien zu vermitteln.

8. Was versteht man unter TQM?

TQM ist eine Managementmethode, die auf der Kooperation aller Mitglieder einer Organisation zur

Verbesserung der Qualität basiert.

– Die Verbesserung der Haltungen und Einstellungen der Mitarbeiter, des üblichen Arbeitssystems

im Unternehmen (Personal)

– Die Verbesserung der Prozessergebnisse (der Produkte und Dienstleistungen)

– Die Optimierung der Geschäftsvorgänge und -abläufe in den Unternehmen (Führungs-,

Verwaltungs- und andere Prozesse)

9. Total Quality Management (TQM) prägt die Führungsaufgaben eines Chefs massgeblich. Machen Sie ein Beispiel, wie Sie als Chef in Bezug auf TQM führen würden.

Wo es sinnvoll ist, sollen TQM-Philosophien in die Tätigkeiten der Mitarbeitenden einfliessen.

Diese sollen in Form von Audits und Assessments kontrolliert werden. Dies bedingt, dass die

Mitarbeitenden in TQM geschult werden.

10. Welche drei wichtigen, qualitativen Führungsziele wollen Sie gerade mit TQM bei den Mitarbeitenden erreichen?

– Förderung der Teamarbeit

– Steigerung von Verantwortung der Mitarbeitenden sich selbst gegenüber

– Sich der Wichtigkeit von Qualität und deren Kontrolle bewusst sein

11. Führen Sie drei Verhaltensänderungen der Mitarbeitenden auf, die das aktive Anwenden von TQM auslösen kann.

   – Kontinuierliche Verbesserungen werden als Team erzielt.

   – Die Selbstständigkeit jedes Einzelnen nimmt zu.

   – Gemeinsames Entscheiden bei Problemen führt zu einem Wir-Gefühl.

12. Managementinformationssysteme (MIS) unterstützen den Vorgesetzten in seinen Aufgaben als Führungskraft. Nennen Sie drei Nutzen des MIS für den Vorgesetzten.

   – MIS ist ein wichtiges Führungsinstrument

   – Qualitätssteigerung wird sichtbar

   – Kennzahlen zur Steuerung des Geschäftes

   – Ist ein Korrektur- und Frühwarnsystem

   – Dient zur Planung der Personalressourcen

13. Erklären Sie den Begriff «Coaching»

   Coaching heisst wörtlich übersetzt Betreuung. Es ist die Unterstützung von Einzelpersonen

   oder Gruppen bei der Bewältigung neuer oder schwieriger Aufgaben. Ziel ist die Verbesserung

   der beruflichen und sozialen Kompetenz des Betroffenen.

Lösungen zu Kapitel Führungskompetenzen, Führungsstile, Führungsverhalten

1. Welche Führungsstile unterscheidet man?

   – Autoritäre Führungsstile

   – Demokratische Führungsstile

   – Kooperative Führungsstile

   – Partizipierende Führungsstile

   – Delegative Führungsstile

2. Erklären Sie die Begriffe «Kompetenz» und «Verantwortung» mit eigenen Worten.

Kompetenz:

Regelt die Befugnisse und Rechte der zu erfüllenden Aufgaben. Damit ist der Kompetenzträger

legitimiert, Handlungen und Massnahmen vorzunehmen oder vornehmen zu lassen.

Unter Kompetenz versteht man auch die Fähigkeit, etwas besonders gut zu können. Man spricht

dann von Fachkompetenz, Sozialkompetenz oder Führungskompetenz.

Verantwortung:

Darunter versteht man das Ablegen der persönlichen Rechenschaft über das Tun und Lassen in

der Erfüllung der auferlegten Aufgabe.

3. Welche Eigenschaften sollte eine Führungspersönlichkeit aufweisen?

– Fachliche/funktionale Kompetenzen (z. B. fachliches Wissen)

– Strategische/kulturelle Kompetenzen (z. B. visionäres Denken)

– Soziale und führungsmässige Kompetenzen (z. B. Teamfähigkeit)

– Selbstkompetenzen (z. B. Lernfähigkeit)

4. Erklären Sie das Verhaltensgitter von Blake/Mouton.

Das Verhaltensgitter ist ein wissenschaftliches Modell, das die Kombinationsmöglichkeiten von

Mitarbeiter- und Sachaufgabenorientierung im Management aufzeigt. Es gibt zwei Achsen, die in

jeweils neun Stufen unterteilt sind. Blake/Mouton gehen davon aus, dass es grundsätzlich wenigstens

zwei Orientierungen im Führungsverhalten gibt, waagrecht die sachrationale und senkrecht die

sozioemotionale Dimension. Theoretisch ergeben sich daraus 81 verschiedene Verhaltensmuster,

jedoch nur fünf werden als wesentlich betrachtet. Vier davon sind extreme Ausprägungen, die fünfte

stellt ein Mittelmass dar.

5. Warum wird neben der Fachkompetenz und Sozialkompetenz die Kommunikationskompetenz zunehmend wichtiger?

Kommunikationskompetenz: Durch das hohe Mass an verfügbaren Informationsquellen kommt der

situativen Anwendung dieser Quellen und der adressatengerechten Botschaften diese hohe

Bedeutung zu.

12

Lösungen

6. Erklären Sie den Unterschied zwischen Führungsverhalten und Führungsstil.

Führungsverhalten:

Das Führungsverhalten zeigt sich in einer bestimmten Situation. So kann ein Chef, der grundsätzlich

einen kooperativen Führungsstil pflegt, in einer bestimmten Situation auch autoritär durchgreifen.

Führungsstil:

Der Führungsstil zeigt sich in der Art und Weise, wie der Vorgesetzte mit seinen Mitarbeitenden

umgeht: Zum Beispiel kooperativ, autoritär, delegativ, autokratisch oder konsultativ.

7. Zeigen Sie die möglichen Auswirkungen bei Anwendung des Laissez-faire-Führungsstiles anhand einer praktischen Alltagssituation auf.

In einem engen Sinne wird bei diesem Führungsstil gar nicht geführt.

Beispiel:

Die Mitarbeitenden eine Tiefbaugesellschaft sind beauftragt, eine Autotiefgarage für ein

Shoppingcenter zu bauen. Die Anwendung des Laissez-faire-Führungsstiles könnte dazu führen,

dass Termine nicht eingehalten werden und sich für diese Unzulänglichkeit niemand

verantwortlich fühlt.

8. Warum ist der Führungsstil auch eine Frage der Persönlichkeit?

Das individuelle Führungsverhalten ist geprägt von der Erziehung, der Schule und dem sozialen

Umfeld. Auch die Genetik prägt das Führungsverhalten.

9. Sie haben ein fünfköpfiges Spezialisten-Team zu führen. Jeder Ihrer Mitarbeitenden ist hervorragend ausgebildet und sehr motiviert. Welchen Führungsstil bevorzugen Sie und warum?

Nach der konkreten Auftragserteilung (Aufgabe, Mittel, Ziele) braucht es den Chef nur in

Ausnahmesituationen. Es kann also kooperativ bis hin zu delegativ geführt werden.

10. Warum wird das Führungsverhalten nicht nur durch den Chef selbst bestimmt, sondern auch durch die Mitarbeitenden?

Jeder Mitarbeitende ist mit unterschiedlichen Fach-, Sozial- und Selbstkompetenzen ausgestattet.

Deshalb lassen sich nicht alle Mitarbeitende mit demselben Führungsstil führen. Es gilt den

situativen Ansatz aktiv anzuwenden.

11. Gibt es nach Ihrer Auffassung den idealen Führungsstil?

Nein, weil das Rollenverhalten jedes Einzelnen den zu ihm passenden Führungsstil benötigt.

12. «Fördern anstelle Fordern»! Was verstehen Sie unter dieser Aussage?

Mit dem Fördern wird unterstützt, begleitet und punktuell geholfen. Das reicht meist nicht aus.

Zu leistende Arbeit und Leistung ist in der Regel auch explizit einzufordern.

13. Ein schlechter Chef löst die Aufgaben seiner Mitarbeitenden. Ein guter Chef hilft dem Mitarbeitenden, dass er seine Probleme selber lösen kann. Kommentieren Sie diese beiden Aussagen!

Es ist dem Mitarbeitenden dauerhaft nicht geholfen, wenn der Chef dessen Arbeiten erledigt. Besser

ist die Unterstützung und Anleitung zur Selbsthilfe, indem er dem Mitarbeitenden Wege aufzeigt,

wie die Arbeit gelöst werden kann.

14. Wovon ist der Aufwand für Führungsaufgaben abhängig?

Von der Funktion und Anzahl der direkt unterstellten Mitarbeitenden, vom Reifegrad und

Bildungsstand der Mitarbeitenden, von der Zielsetzung und der Branche

15. Wie viele Leute kann ein Chef führen?

Die Führungsspanne kann bei repetitiven Arbeiten hoch gehalten werden. Je komplexer das

Tätigkeitsfeld, umso kleiner ist die Führungsspanne zu halten.

16. Ein guter Chef macht sich mittelfristig «überflüssig»! Was verstehen Sie unter dieser Aussage?

Durch den hohen Grad an Selbstständigkeit verliert die dauernde Präsenz des Chefs an Bedeutung.

Er muss weniger Wert auf Überwachung und Kontrolle legen und kann sich auf die eigentlichen

Führungsaufgaben konzentrieren (z. B. strategische Lenkung).

17. Früher war eine Führungskraft gleichzeitig eine ausgewiesene Fachkraft/Fachspezialist. Heute hat sich die Gewichtung verlagert. Erklären Sie weshalb ein Vorgesetzter nicht über das Fachwissen eines Spezialisten verfügen muss.

Da Spezialisten über die notwendige Tiefe des Fachwissens verfügen, kann sich ein Vorgesetzter viel

mehr strategischen Aufgaben widmen.

12

Lösungen

18. Sie sehen sich gezwungen, einen Mitarbeiter zu entlassen. Welche Führungsaufgaben stellen sich Ihnen? Erläutern Sie, wie Sie vorgehen und was Sie sich dabei überlegen.

– Mit Vorgesetzten und der Personalabteilung die weiteren Schritte besprechen

– Persönliches Gespräch, die Kündigung erläutern und begründen

– Die Kündigung schriftlich bestätigen

– Ein Schlusszeugnis erstellen

– Administrative Arbeiten wie Schlüssel abgeben und letzten Arbeitstag definieren

19. Führungskräfte sind dazu aufgefordert, Visionen zu entwickeln. Was verstehen Sie darunter?

Jeder Vorgesetzte soll nicht nur den Umsetzungsprozess einer Strategie begleiten. Er soll, um das

Unternehmen weiterzuentwickeln, auch visionäre Zielsetzungen verbalisieren.

20. Über welche Fähigkeiten muss ein Vorgesetzter heute vor allem verfügen?

– Hohe kommunikative Fähigkeiten

– Unternehmerisches Denken und Handeln

– In der Lage sein, Prozesse in Gang zu setzen und sie zu steuern

– Vernetzt denken bzw. Zusammenhänge erkennen

21. Was meinen Sie zu folgender Aussage: «Je höher die Verantwortung der Führungskraft, umso weniger muss die sich durch Tiefe des Fachwissens auszeichnen.»?

Über die Details von Arbeiten unterer Stufen muss er bestimmt keine Kenntnisse haben. Er muss

aber sehr gut verstehen können, worum es bei diesen Arbeiten geht.

Damit ist er auch in der Lage, mit seinem Mitarbeitenden inhaltlich und fachlich kompetente

Gespräche zu führen.

22. Sie stellen fest, dass in Ihrer Firma immer wieder Gerüchte kursieren über bevorstehende Entlassungen, Wechsel in der Führungsspitze, Lohnreduktion etc. Was unternehmen Sie als Teamleiter konkret?

– Offene und transparente Kommunikation an alle Mitarbeitenden

– Vorgesetzten einbinden und gegebenenfalls eine Verbesserung der internen

Kommunikationspolitik erwirken

23. Was ist Feedback?

Feedback ist ein wichtiges Führungsinstrument.

Der Feedbackgeber beschreibt das Verhalten, das er beobachtet hat, und gibt seine Empfindungen

wieder. Keine Vorwürfe und versteckte Angriffe.

Lösungen zu Kapitel Motivation

1. Definieren Sie den Begriff «Motivation».

Motivation ist die Summe der Beweggründe/Antriebe (Motive), die das Handeln/Verhalten eines

Menschen bestimmen.

Die spezifische Motivation (innerer Antrieb) bewirkt, dass eine Person in einer bestimmten Situation

auf eine bestimmte Weise handelt.

2. Erklären Sie und zeichnen Sie das Motivationsmodell von Maslow.

1 Physiologische Bedürfnisse wie Schlaf, Nahrung, Triebe

2 Sicherheitsbedürfnisse wie Schutz, Stabilität, Ordnung, Gesetz

3 Soziale Bedürfnisse wie Liebe, Zuneigung, Zugehörigkeit

4 Bedürfnis nach Achtung, Wertschätzung

5 Bedürfnis nach Selbstverwirklichung

3. Warum ist der Sinn, der mit einer Aufgabe verbunden ist, wichtig für die Motivation?

Hinter jedem Ziel steht immer auch ein Grund, dieses Ziel erreichen zu wollen. Dies ist das Motiv,

das als Grundlage für Motivation dient. Aus dem Motiv erwächst die eigentliche Motivation:

Der Antrieb, ein Ziel zu erreichen.

4. Wie motivieren Sie sich täglich selbst und was tun Sie dafür?
   Nennen Sie uns dazu einfache Beispiele aus Ihrem Alltag.

Mit positiven Gefühlen einschlafen, gewollt Positives sehen, sich über positive Gefühle freuen,

Freude an kleinen Dingen und Erfolgen zeigen, an den Erfolg glauben, positiv denken

5. Was verstehen Sie unter der XY-Theorie von D. McGregor?

X-Theorie:

Der Mensch ist arbeitsscheu und faul. Er hat ein passives Arbeitsverhalten. Strenge Vorschriften und

Kontrollen sind daher notwendig.

Y-Theorie:

Der Mensch will arbeiten und ist motiviert. Er will Handlungsspielraum und Selbstkontrolle.

Er ist initiativ und verantwortungsbewusst.

6. Welche weiteren Theorien der Arbeitsmotivation kennen Sie?

– Maslow

– XY-Theorie von McGregor

– Theorie von Herzberg

7. Welche Formen der Motivation kennen Sie?

Intrinsische Motivation:

Motivation liegt in der Erledigung der Arbeit selbst.

Extrinsische Motivation:

Motive, die nicht in der Tätigkeit liegen, sondern in Rahmenbedingungen: Entlohnung materieller

oder auch immaterieller Art.

8. Was ist der Unterschied zwischen materieller und immaterieller Motivation?

    Materielle Motivation:

    Mitarbeitender erhält einen finanziellen Vorteil bei der Erfüllung einer vereinbarten Leistung.

    Immaterielle Motivation:

    Anerkennung in Form einer nicht monetären Belohnung.

9. Worin sehen Sie den Unterschied zwischen Eigenmotivation und Fremdmotivation?

    Eigenmotivation (intrinsische Motivation):

    Lernen oder arbeiten aus eigenem innerem Antrieb und zur persönlichen Befriedigung.

    Geld oder Bewunderung spielen dabei keine auslösende Rolle.

    Fremdmotivation (extrinsische Motivation):

    Arbeits- oder Lernanreiz, der durch die Erwartung nachfolgender Belohnung bewirkt wird. Er kann

    materiell (z. B. Geld, Besitz) oder immateriell (z. B. sozialer Status / Anerkennung) sein. Veränderte

    Rahmenbedingungen bieten besondere Anreize, um Leistung und Verhalten zu steuern.

10. Was spricht gegen oder für extrinsische Motivationsmassnahmen?

    Durch alle Arten extrinsischer Belohnungen kann die von innen kommende Motivation beeinflusst

    werden. Zum Beispiel können Bonussysteme dem Mitarbeiter den Sinn an seiner Arbeit nehmen.

    Situative, von aussen kommende Motivation kann Sinn machen, wenn sie genau den

    Motivationspunkt des Mitarbeiters trifft – die Erfolge sind in der Regel jedoch nur von kurzer Dauer.

11. Welche Aspekte der Motivation kennen Sie?

    Energetischer Aspekt:

    Untersuchung von Trieben, Spannungen etc., die den Menschen zu bestimmten Verhaltungsweisen

    veranlassen.

    Kognitiver Aspekt:

    Wendet sich dem Motivationsgeschehen zu: Welche Orientierungen und Zielrichtungen bestimmen

    das Verhalten und welche Erwartungshaltungen verknüpft das Individuum mit bestimmten

    Anreizsystemen.

12

Lösungen

12. Zwei-Faktoren-Theorie nach Herzberg: Welche zwei Faktoren sind gemeint?

   – Hygienefaktoren

   – Motivatoren

13. Nennen Sie einige Motivatoren nach Herzberg.

   – Leistung

   – Anerkennung

   – Verantwortung

   – Arbeit selbst

   – Berufliches Fortkommen

   – Weiterbildung

14. Nennen Sie einige Hygienefaktoren nach Herzberg.

   – Unternehmenspolitik

   – Führungsstil

   – Lohn

   – Sicherheit

   – Status

   – Persönliche Verhältnisse

15. Erklären Sie uns anhand von Beispielen die Begriffe «Hygienefaktoren» und «Motivatoren».

   Hygienefaktoren: eignen sich zum Abbau von Unzufriedenheit. Diese sind zum Beispiel Gehalt,

   Führungsstil, Arbeitsplatzsicherheit, Unternehmenspolitik, Beziehungen zu Kollegen.

   Hygienefaktoren schaffen die Rahmenbedingungen zur Leistungserbringung.

   Motivatoren: mit ihnen ist es möglich, Zufriedenheit zu bewirken. Ohne sie stellt sich eine Situation

   der Nicht-Zufriedenheit ein (nicht zu verwechseln mit Unzufriedenheit!).

   Motivatoren sind – anders als die Hygienefaktoren – stark an den Arbeitsinhalt gebunden.

16. Nennen Sie Beispiele für indirekte materielle Motivation.

    – Einkaufsvergünstigungen

    – Rabatte bei Partnern

    – Verbilligte Reka-Checks

    – Kostengünstige Verpflegung (Mensa)

    – Treueprämien

17. Stimmt die folgende Aussage: «Motivation als Eigensteuerung allein genügt nicht.»?

    Diese Aussage stimmt.

    Es braucht auch die situative Fremdsteuerung.

18. Sie sind Teamchef eines Kundendienstes. Ihre Gruppe besteht aus zehn Mitarbeitenden. Die Geschäftsleitung hat entschieden, ein Kontrollsystem einzuführen, um die Dauer und die Anzahl der Telefonate ersichtlich zu machen. Das Team ist dadurch demotiviert und fühlt sich kontrolliert. Was unternehmen Sie, damit das Projekt akzeptiert wird und auch umgesetzt werden kann?

    – Spezielles Coaching

    – Erklären des Systems und Transparenz über das neue System schaffen

    – Zeitliche Unter- oder Überbelastung werden sichtbar und können in der Planung

      berücksichtigt werden

    – Vorteile aufzeigen (z. B. anstelle Annahmen bezüglich Belastung der Mitarbeiter stehen durch

      das System Fakten zur Verfügung)

19. Beschreiben Sie, welche Auswirkungen motiviertes Personal auf ein Unternehmen hat. Nennen Sie fünf Beispiele.

    – Geringe Fluktuation

    – Höhere Leistung

    – Wenig Arbeitsausfall

    – Gutes Betriebsklima

    – Positives Image nach aussen

    – Erfolgreicher als die Konkurrenz

    – Kreativer, innovativer als Mitbewerber

20. Sie haben einen neuen Mitarbeiter eingestellt. Was tun Sie, damit er möglichst motiviert ist und entsprechend seinen Job wahrnehmen kann? Nennen Sie einige Möglichkeiten.

- Klare Ziele vorgeben

- Aufgaben, Verantwortung und Kompetenzen in Übereinstimmung

- Gutes zwischenmenschliches Arbeitsklima

- Offene und transparente Kommunikation

- Adäquate Arbeitsbedingungen

- Aus- und Weiterbildung

- Sorgfältige berufliche Begleitung (Götti)

- Ideen und Kreativität fördern

- Entwicklung von Teamzielen

- Karriereplanung

- Angemessene Sozialleistungen

21. Sie haben sich «von der Pike auf» hochgearbeitet und sind jetzt in einer Führungsfunktion. Weshalb ist jetzt die Fähigkeit zur Eigenmotivation besonders gefragt?

Führungskräfte liegen in den hierarchischen Strukturen am Arbeitsplatz an der Spitze. Sie haben

keine oder nur sehr wenige Personen über sich, von denen sie beurteilt werden. Um die hohen

täglichen Anforderungen in der Arbeit bewältigen zu können, brauchen Sie eine besonders

ausgeprägte Fähigkeit, sich selbst zu motivieren.

22. Eine Führungskraft hat kürzlich Folgendes erklärt: «Ein Vorgesetzter braucht einen Mitarbeiter gar nicht zu motivieren! Ein Mitarbeiter ist motiviert, oder er ist es nicht!» Was meinen Sie zu dieser Aussage?

Neben der Eigenmotivation (intrinsische Motivation) ist auch die Fremdmotivation (extrinsische

Motivation) von Bedeutung.

23. Sie sind Teamleiter in einer Firma, die unmittelbar vor einer Umstrukturierung steht. Welche Chancen zur Motivationssteigerung sehen Sie dabei für sich und Ihr Team?

Jede Veränderung im Unternehmen gibt die Möglichkeit, die eigene (Ablauf-)Organisation auf den

Prüfstand zu stellen und zu verbessern. Beispielsweise können ineffektive Prozessabläufe, die schon

länger auffallen, nun aktiv angesprochen werden und mit dem Team gemeinsam gelöst werden.

Daraus ergeben sich für das Individuum neue Möglichkeiten.

24. Warum ist der Sinn, der mit einer Aufgabe verbunden ist, wichtig für die Motivation?

   Nur Massnahmen, die gesetzte Ziele verfolgen, sind grundsätzlich sinnvoll.

   Ohne sinnstiftende Ziele bleibt die Motivation des Menschen auf der Strecke.

   Deshalb ist wo möglich der Mitarbeiter in den Zielprozess zu integrieren.

25. Was denken Sie, in welchem Verhältnis stehen Arbeitszufriedenheit und Fehlzeiten sowie Fluktuation zueinander?

   Je höher die Arbeitszufriedenheit, desto geringere Fehlzeiten sowie Fluktuation und umgekehrt.

Lösungen zu Kapitel Managementmethoden – Führungstechniken

1. Was für Führungstechniken kennen Sie?

   – Management by Delegation

   – Management by Exception

   – Management by Objectives

   – Management by Results

   – Management by System

2. Nennen Sie je zwei Nachteile für Management by Results und Management by Delegation.

   Management by Results:

   – Vernachlässigungen zwischenmenschlicher Aspekte

   – Nur über (negative) Zahlen sprechen

   – Kurzfristiges Zahlendenken

   – Langfristige Lebensziele werden vernachlässigt

   Management by Delegation:

   – Nur Unangenehmes wird delegiert

   – Nichtübereinstimmen von Aufgaben, Kompetenzen und Verantwortung

   – Nur absolut notwendige Informationen werden weitergegeben

   – Eigene Schwächen überdecken, «vertuschen von Inkompetenz»

3. Nennen Sie Vor- und Nachteile für Management by Exception.

Mitarbeiter arbeitet weitgehend selbstständig, Vorgesetzter greift nur in Not- und

Ausnahmefällen ein.

Kann zu enormen Leistungen führen, kann aber auch Isolierung bewirken und kann vom Arbeitgeber

ausgenutzt werden.

4. Nennen Sie Vor- und Nachteile für Management by Results.

Mitarbeiter ist auf sich gestellt. Arbeit wird nur nach Ergebnis gemessen, Vorgesetzter beschränkt

sich auf Kontrolle.

Motivation kann erlahmen.

5. Nennen Sie Vor- und Nachteile für Management by Delegation.

Weg und Ziel werden besprochen, Ausführung liegt beim Mitarbeiter.

Mitarbeiter ist für eine Aufgabe zuständig.

Fördert die Motivation, für Routinearbeiten geeignet.

6. Nennen Sie Vor- und Nachteile für Management by Objectives (MbO).

Ziel wird vorgegeben oder vereinbart.

Wie das Ziel erreicht wird (Weg), ist Gestaltungsraum des Mitarbeiters.

Mitarbeiter erhält Verantwortung und Kompetenz, steigert Motivation, fördert Mitarbeiter.

Schwierigkeitsgrad muss auf den Mitarbeiter abgestimmt sein.

7. Heute bekennen sich viele Unternehmen zum MbO. Wie können Sie diese Technik für die Lohngestaltung anwenden?

Wenn MbO ernsthaft gepflegt wird, kann der Lohn nicht autoritär festgelegt werden. Der Mitarbeiter

hat, aufgrund seiner Leistungen die Möglichkeit, den Lohn selbst «mitzugestalten» (Grenzen sind

natürlich gesetzt!). Im Verkaufsbereich wäre dies so, dass der Chef mit dem Mitarbeiter zusammen

das Verkaufsziel vereinbart sowie Fixum und Provision gemeinsam festgelegt wird.

8. Welche Vorteile bringt MbO für die Motivation der Mitarbeiter?

Der Mitarbeitende fühlt sich mehr in das Unternehmen eingebunden, weil er in seiner Tätigkeit

Entscheidungen treffen, aber auch Verantwortung tragen kann; kurz: Ein gutes MbO appelliert an die

unternehmerische Mündigkeit eines MA. MbO ist aber nur dann sinnvoll, wenn diese

unternehmerische Komponente einem Bedürfnis des Mitarbeitenden entspricht

(vgl. Motivationstheorie).

9. Nennen Sie Unterlagen/Instrumente für MbO.

– Funktionsbeschreibung/Stellungsbeschreibung

– Ziele der übergeordneten Stelle

– Mitarbeiterhandbuch

– Qualifikation

10. Erklären Sie den Unterschied zwischen Zielvereinbarung und Zielfestlegung.

Zielvereinbarung:

Beinhaltet das MbO und bedeutet, dass Ziele zwischen Vorgesetztem und Mitarbeiter gegenseitig

abgestimmt werden. Wichtig: Das heisst aber nicht, dass der Mitarbeiter sich seine Ziele selber

geben kann!

Zielfestlegung:

Der Vorgesetzte legt die Ziele für den Mitarbeiter fest. Diese Ziele werden dem Mitarbeiter

anschliessend mitgeteilt.

11. Ein Vorgesetzter äussert sich wie folgt: «MbO ist in der Produktion nicht anwendbar. Ein Mitarbeiter in der Produktion muss lediglich wissen, dass ich von ihm einen Ausstoss von x Einheiten pro Tag erwarte und damit basta!!» Was antworten Sie und begründen Sie Ihre Antwort.

MbO lässt sich auch in der Produktion «gewinnbringend» einführen, wenn die bereits früher

erwähnte Voraussetzung, dass der «MbO-Mitarbeitende» in seinem Bereich unternehmerisch

denken muss, erfüllt ist. (Auf der untersten Produktionsstufe allerdings nicht immer einfach!)

12. Was wird beim Management by Delegation effektiv auf die tiefstmögliche hierarchische Stufe delegiert? Begründen Sie Ihre Antwort.

Sowohl Aufgabe wie auch Kompetenz und Verantwortung, wobei die Gesamtverantwortung

immer vom Delegierenden getragen muss (Kontrollpflicht).

13. In Ihrem Leitbild steht unter anderem: «Unsere Mitarbeiter sind stets auf dem neuesten Stand der technischen Entwicklung.» Leiten Sie davon zwei personalpolitische Massnahmen ab.

– Jeder Kadermitarbeiter besucht die von uns organisierten Seminare zum Thema ...

– Jede Führungskraft der Stufe ... schult seine Mitarbeiter an fünf Tagen im Produktbereich,

wobei an jedem Tag ein Konkurrenzprodukt vorgestellt (Vor- und Nachteile) werden muss.

14. Was ist der Unterschied zwischen einer Funktionsbeschreibung und einer Stellenbeschreibung?

– Eine Funktionsbeschreibung beinhaltet im Wesentlichen, welche Anforderungen vorausgesetzt

werden, damit die Funktion zur Erreichung der Unternehmensziele einen Beitrag leisten kann und

in welcher Beziehung diese Stelle zu den anderen Funktionen im Rahmen des

Gesamtunternehmens steht.

– Eine Stellenbeschreibung «beschreibt» die wichtigsten Aufgaben, die Verantwortung und

Kompetenz, die eine Person in einer bestimmten Funktion wahrzunehmen und zu erfüllen hat.

– Der wesentliche Unterschied besteht darin, dass eine Stellenbeschreibung persönlich und nicht

austauschbar ist, wogegen eine Funktionsbeschreibung unpersönlich und somit unabhängig vom

jeweiligen Stelleninhaber ist.

Lösungen zu Kapitel Team und Gruppendynamik – Einzelarbeit/Gruppenarbeit

1. Definieren Sie den Begriff Gruppendynamik.

   Gruppendynamik bezeichnet das Zusammenwirken und die Beziehungen von Mitgliedern einer

   Gruppe. Sie beschreibt, wie sich die Einzelpersonen in der Gruppe verhalten, wie sich die Gruppe

   formiert, wie sie funktioniert und wie sie sich gegebenenfalls wieder auflöst.

2. Wie lauten die Phasenbezeichnungen für alle bei der Gruppenbildung und innerhalb der Gruppe wirksamer Prozesse?

   1. Formierungsphase (Forming)

   2. Konfliktphase (Storming)

   3. Normierungsphase (Norming)

   4. Leistungsphase (Performing)

3. Was passiert in der Formierungsphase?

   – Unsicherheit bis Angst

   – Orientierung am Gruppenleiter

   – Ausprobieren, welches Verhalten akzeptabel ist

   – Gruppenmitglieder definieren Aufgaben, Regeln und geeignete Arbeitsmethoden

4. Was passiert in der Storming-Phase?

   – Konflikte zwischen den Gruppenmitgliedern durch Polarisierung von Meinungen

   – Widerstand gegen Gruppenleiter

   – Emotionaler Widerstand gegen die Aufgabenanforderungen, evtl. Positionskämpfe

   – Ablehnung von Gruppendruck (Kontrolle)

5. Was passiert in der Normierungsphase?

   – Entwicklung von Gruppenkohäsion (Wirgefühl)

   – Gruppennormen und Rollendifferenzierung

   – Offener Meinungsaustausch

   – Kooperationen und gegenseitige Unterstützung bahnen sich an

6. Was passiert in der Performingphase?

– Gruppe ist an der Aufgabenerfüllung orientiert

– Rollenverhalten ist flexibel und funktional

– Problemlösungen tauchen auf und werden konstruktiv bearbeitet

– Energie wird auf die Aufgabe konzentriert

7. Was sind teilautonome Arbeitsgruppen?

Eine Gruppe von Mitarbeitern führt einen Arbeitsprozess vollständig durch, organisiert sich selbst,

verteilt Arbeit und kontrolliert.

Gehört zum Unternehmen als selbstständig arbeitender Bereich.

8. Wann ist Gruppenarbeit sinnvoller als Einzelarbeit?

Bei komplexen Aufgaben, die mehr als ein Fachbereich betreffen, z. B. Lancieren eines neuen

Modells: Bei der Erarbeitung von Technik, Design, Marketing ist die Gruppenarbeit sinnvoll.

9. Wann ist eine Aufgabe vorteilhafter in Einzel- und wann in Gruppenarbeit anzugehen?

Einzelarbeit ist dann anzuwenden, wenn ein Mitarbeiter eine Arbeit rationeller ausführen kann

als mehrere zusammen.

Gruppenarbeit ist dann anzuwenden, wenn die Gesamtleistung, die durch mehrere Mitarbeiter

gemeinsam erbracht wird, mehr sein soll als nur die Addition der Einzelleistungen der Mitarbeiter.

Gruppenarbeit ist im Weiteren dann vorzuziehen, wenn kreatives Potenzial ausgeschöpft werden soll.

Prozessorientiert, projektorientiert; Leistung in der Gruppe wird potenziert.

10. Nennen Sie fünf wichtige Kriterien, die Sie bei der Zusammenstellung einer Gruppe beachten.

   – Gruppengrösse

   – Leistungsqualität des Einzelnen

   – Teamfähigkeit, Rollendifferenzierung (Alpha-Typ / Omega-Typ)

   – Interesse am Projekt als Voraussetzung für den Einzelnen

   – Integrationsfähigkeit des Einzelnen

   – Der Einzelne soll in der Lage sein, nicht nur problem-, sondern vor allem lösungsorientiert

     zu denken

   – Sozialkompetenz

   – Art der zu lösenden Aufgabe

   – Sprachkenntnisse

11. Nennen Sie mindestens fünf Regeln, die bei der Gruppenführung zu beachten sind.

   1. Gruppenstruktur und Gruppenziele periodisch analysieren

   2. Struktur, Rangordnung, Rollen annehmen und berücksichtigen

   3. Beeinflussung durch Zielvorgaben

   4. Schaffen eines Beteiligungs- und Mitverantwortungsgefühls

   5. Erfolge und Misserfolge mit der Gruppe teilen

   6. Konsensbildung anstreben

   7. Vorleben, vormachen, Verantwortung tragen

12. Erläutern Sie fünf Merkmale für eine leistungsstarke Gruppe.

– Gruppenklima unbürokratisch, entspannt / gute Arbeitsatmosphäre / keine Langeweile

– Aufgabe und Ziele sind allen klar / strittige Punkte werden diskutiert / es wird nach Lösungen gesucht

– Kommunikation spontan, offen / Gruppenmitglieder hören einander zu / es hat niemand Angst, seine Meinung zu äussern

– Meinungsverschiedenheiten werden akzeptiert / Konflikte werden als Anstoss zum weiteren Diskutieren genommen und helfen der Gruppe weiter

– Die meisten Entscheide werden in Übereinstimmung gefällt / Bedenken werden vorgebracht, diskutiert und berücksichtigt (wenn möglich)

– Klarheit bezüglich Aufgabenwahrnehmung

– Kritik ist offen, konstruktiv / wird ohne Angst vorgebracht

– Gefühle finden Ausdruck, soweit sie zum Verständnis beitragen und die Ziele der Gruppe betreffen

– Führung wird von Zeit zu Zeit weitergegeben / wenig Anzeichen für Macht- und Prestigekämpfe / Gruppe ist sich selbst gegenüber kritisch / offenes Diskutieren und nach Lösungen suchen

13. Erläutern Sie fünf Merkmale für eine leistungsschwache Gruppe.

– Gleichgültigkeit, Langeweile / häufig Spannungen

– Aufgabe, Ziele unklar, obwohl vielleicht «verkündet» / Zielsetzung wird nicht akzeptiert

– Kommunikation vorsichtig, zurückhaltend oder blockiert / niemand hört auf den anderen / eigene Position wird verteidigt

– Konflikte blockieren Gruppe / werden unterdrückt oder in persönlichen Feindschaften und Rivalitäten auf Kosten der Gruppe ausgetragen

– Entscheiden, ohne prüfen der Konsequenzen / meckern jener Leute, die Entscheid nicht akzeptieren können / Sabotage

– Niemand weiss wirklich, wer was machen soll / Verantwortlichkeiten werden in Zweifel gezogen

– Kritik führt zu Spannungen / persönliche Angriffe / offene Kritik wird vermieden

– Keine Gefühle zeigen / ja keine Blösse geben / vieles bleibt geheim / keiner weiss vom anderen, was er denkt

– Vorgesetzter behält Führung immer und verteidigt sie / Rechte, Macht und Stellung sind wichtig

– Gruppe hält sich für unfehlbar / kritisiert vor allem andere

14. Jede Gruppe will geführt sein! Welcher Führungsstil – neben dem kooperativen – ist nach Ihrer Ansicht in einer leistungsstarken Gruppe der effektivste und warum?

Neben dem kooperativen Stil lässt sich der Laissez-faire-Stil verantworten. In einem

Gruppenprozess wird der Führungsstil des Chefs sowohl von der Gruppe wie auch von ihm selbst

geprägt. Er muss in der Lage sein, eine Rollenvielfalt vorzunehmen und sich in allen vier Stilen

zu bewegen.

15. Ein führungsschwacher Chef, der fünf Leute führt, will einen seiner Mitarbeiter «hinausekeln». Woran erkennen Sie das?

Es gibt hier darum, die «miesen» Tricks eines Vorgesetzten zu zeigen, wie z. B.

– Abkoppeln von Informationen

– Nicht mehr einladen zu Sitzungen

– Verbreiten der Mitteilung, dass diesem Mitarbeiter wahrscheinlich gekündigt wird

  (Gerüchte/Mobbing)

– Unfaires Behandeln des Mitarbeiters

– Ausweichen bei wichtigen Fragen (Termine platzen lassen)

– Übersetzte Ziele formulieren

– Streichen von bisher Üblichem

16. Wie können sich in einer Gruppe Verhaltensprobleme zeigen? Nennen Sie vier Verhaltensweisen.

– Die Gruppenmitglieder sind ungeduldig miteinander

– Die Mitglieder ergreifen Partei und weigern sich, nachzugeben

– Mitglieder widersprechen dem Chef; Chef wird angegriffen

– Stimmung ist gespannt, feindselig; Aggression der Gruppe

– Vorschläge werden «gekillt»

– Keine Einigkeit über Ziel oder Vorgehensweise

17. Eine Gruppe muss ambitiöse Ziele erreichen und neue Wege beschreiten. Stellen Sie als Chef anhand der «Alpha-/Omega-Typologie» eine Fünfer- oder Siebener-Gruppe zusammen. Beschreiben Sie uns die Zusammensetzung der Gruppe.

– Höchstens ein Alpha-Typ (zwei können bereits zu Schwierigkeiten führen)

– Mehrere Gamma-Typen

– Ein Omega-Typ (wenn ein Omega-Typ, warum?)

– Eventuell und je nach Aufgabenstellung ein Beta-Typ

18. Warum leidet in einem gut funktionierenden Team die fachliche Entwicklung des Einzelnen nicht?

In der täglichen Kommunikation und Kooperation können die Gruppenmitglieder parallel im

Arbeitsprozess wechselseitig voneinander lernen:

– Unterschiedliche Sichtweisen geben neue Denkanstösse.

– Die wechselseitigen Bestätigungen motivieren.

– Durch gegenseitige Interaktion werden Fehler und Irrtümer eher erkannt.

19. Sie wurden für die Leitung eines Projekts betraut. Welches sind für Sie wesentliche Herausforderungen oder Fragestellungen?

– Liegt Auftrag vor oder ist er noch zu definieren/genehmigen?

– Auftraggeber?

– Kompetenzen?

– Ressourcenplan (personell, finanziell, materiell, organisatorisch)

– Projektmitarbeiter (Anzahl, Anforderungsprofile, …)

– Spielregeln im Projektteam, Zusammenarbeit definieren

– Finanzen

– Zeithorizont, Phasen

– Projektdokumentation

– Informationswege

– Worst-/Best-Case-Szenarien

20. Aus welchen Gründen kann in einem Projekt hin und wieder die personelle Zusammensetzung geändert werden? Nennen Sie drei Beispiele.

– Ändernde Prioritäten

– Zusätzliches Fachwissen benötigt

– Mangelndes Engagement

– Konflikte

– Neue Ideen bringen

– Ressourcen unterschiedlich je nach Projekt-Phase

Lösungen zu Kapitel Arbeitsformen und Arbeitszeitmodelle

1. Was verstehen Sie unter Jobenlargement?

Mitarbeiter erhält grösseres Arbeitsvolumen, erkennt dadurch Zusammenhänge im gesamten

Ablauf. Der Schwierigkeitsgrad der Arbeit wird dabei nicht erhöht.

2. Was verstehen Sie unter Jobenrichment?

Mitarbeiter erhält anspruchsvollere Aufgaben und Verantwortung/Kompetenzen, um

Herausforderung, Erfolgserlebnis und Motivation zu steigern. Es fördert die Selbstregulierung

und Eigenverantwortung und entlastet den Vorgesetzten.

3. Was verstehen Sie unter Jobsharing?

Teilzeitarbeit, in der sich zwei oder mehrere Personen einen oder mehrere Arbeitsplätze teilen.

4. Was bedeutet Jobrotation?

Mitarbeiter arbeitet an verschiedenen Arbeitsplätzen, um seine Fähigkeiten und sein Verständnis

für die verschiedenen Arbeiten zu erweitern. Heute wird Jobrotation auch zunehmend dort

angewandt, wo der Mitarbeiter zusätzliche Erfahrungen und Kompetenzen (Mitarbeiterentwicklung)

erlangen soll.

5. Welche organisatorischen Voraussetzungen braucht es für eine «Jobrotation», damit sie funktioniert?

– Standardisierte Abläufe

– Klare Führungszuständigkeiten

– Einfache, überblickbare Organisationsformen

– Klar umschriebene Aufgaben

– Definierte Verantwortlichkeiten

6. Nennen Sie uns einige Vorteile einer Jobrotation für den Mitarbeitenden.

– Steigerung der eigenen Flexibilität und Mobilität (bei organisatorischen Änderungen)

– Erhöhung der eigenen Kompetenzen/Fähigkeiten (fachlich und sozial)

– Bessere Aufstiegschancen

– Mehr Abwechslung

– Mehr Offenheit für neue Lösungsansätze

– Kennenlernen bereichsübergreifender Zusammenhänge

7. Nennen Sie einige Vorteile einer Jobrotation aus betriebswirtschaftlicher Sicht.

– Höhere Produktivität

– Abbau von Bereichsegoismus

– Ideen-Generierung

– Flexibilitätssteigerung der Mitarbeiter

– Erhöhung der Mitarbeitermotivation durch neue Herausforderung

– Erhöhung der Identifikation mit dem Unternehmen

– Verringerung der Fortbildungskosten

– Abteilungen können neue Mitarbeiter «erproben»

– Förderung bereichsübergreifenden Denkens und Handelns

– Vermeidung problematischer Beziehungsgeflechte zwecks Bekämpfung von Korruption

8. Was verstehen Sie unter dem Begriff «Jobenlargement»?

Das ist die Aufgabenerweiterung, d. h. die Übertragung mehrerer Teilaufgaben, mit dem Ziel,

die Monotonie zu reduzieren.

Derartige Erfolgserlebnisse treten dann ein, wenn der Mitarbeiter (allein oder als Mitglied der

Arbeitsgruppe) ein Produkt

– in einer umfassenden Tätigkeit,

– in einem längeren als bei Bandarbeit üblichen Zeitraum

– möglichst selbstständig und selbstverantwortlich

– herstellt und kontrolliert, d. h., wenn er ausser für die Herstellung auch für die einwandfreie

   Funktion des von ihm hergestellten Produktes verantwortlich ist.

9. Welche Voraussetzungen sind für ein «Jobenrichment» notwendig? In Bezug auf die Organisation? Geben Sie drei Beispiele.

– Finanzielle Mittel für die Ausbildung

– Aufgabe muss dafür geeignet sein (neue Lernerfahrungen ermöglichen)

– Struktur des Unternehmens muss dies zulassen

– Bereitschaft und Wille zur Veränderung in dem Unternehmen

– Mut zum Risiko

– Möglichkeiten von Ablaufänderungen

10. In Bezug auf die Arbeitskraft? Geben Sie drei Beispiele.

– Mitarbeiter hat Interesse an seiner weiteren Entwicklung

– Qualifikation der Mitarbeiter wird höher als bei Routinetätigkeiten

– Bereitschaft des Mitarbeiters, neue/zusätzliche Aufgaben zu übernehmen

– Interesse, Neugierde

– Mitarbeiter ist bereit und fähig, (Eigen-)Verantwortung zu übernehmen

11. Nennen Sie uns je drei Vor- und Nachteile eines Jobsharings in Bezug auf die Funktion eines Sachbearbeiters. Die Aufteilung beruht auf 50 % : 50 %!

Vorteile:

– Es können zwei Personen z. B. je 50 % arbeiten, was vom Arbeitsmarkt her günstiger sein kann.

– Der Ausfall einer Person ist besser überbrückbar bei zwei 50 %-Angestellten.

– Die Leistung von zwei Personen mit einer je 50 %-Anstellung ist in der Regel höher als bei einer mit 100 % Anstellung.

– Die beiden Personen können sich in Bezug auf «Spezialitäten», Stärken und Wünsche absprechen.

– Durch die Aufteilung von 40 % und 40 % kann möglicherweise eine 100 %-Stelle reduziert werden (auf 80 %).

Nachteile:

– Die Organisation muss so aufgebaut werden, dass sich beide zurechtfinden (Friktionen, Überschneidungen vermeiden).

– Für den Kunden ist im Unternehmen nicht mehr nur eine Ansprechperson zuständig, sondern zwei.

– Die Arbeiten/Pendenzen müssen sehr transparent gemacht werden, ansonsten die (tägliche) Informationsweitergabe nicht sichergestellt ist, was zu Schwierigkeiten führen kann (evtl. zu lösen mit einem kurzfristig überlappenden Einsatz oder durch klare Arbeitszuteilung).

– Pendenzen bleiben (über einen längeren Zeitraum) liegen.

– Der Arbeitsplatz kann evtl. nicht so persönlich gestaltet werden.

12. Was heisst Block- und was Gleitzeit?

Blockzeit definiert die Zeit, in der der Mitarbeiter im Betrieb anwesend sein muss (z. B. von 08:30 bis 11:30 Uhr und von 13:30 bis 16:30 Uhr). In der Gleitzeit (= ausserhalb der Blockzeit) kann der Mitarbeiter die An- und Abwesenheit vom Arbeitsplatz selbst bestimmen.

13. Was für flexible Arbeitszeitmodelle kennen Sie?

    – Jahresarbeitszeit (wird aufgrund der unternehmerischen Ziele, der Auftragslage und dem
      Bedürfnis des Mitarbeiters vereinbart)

    – Gleitzeit (Möglichkeit, die Arbeitszeit täglich zu variieren und innerhalb festgelegter Zeiträume
      auszugleichen)

    – Saisonale Arbeitszeit (ähnlich wie Jahresarbeitszeit, jedoch stärkere Berücksichtigung von
      saisonalen Schwankungen)

14. Der Firmensitz wird verschoben. Welche Möglichkeiten bieten sich an, wenn die Firma Sie behalten
    will, Sie aber keinen Umzug ins Auge fassen wollen?

    Es könnte eine Vereinbarung dahingehend getroffen werden (immer unter der Voraussetzung,

    dass dies von der Arbeit her möglich ist), dass Sie zwei Tage zu Hause (Telearbeit) und drei Tage

    im Geschäft arbeiten.

    Oder 5 % der Reisezeit werden als Arbeitszeit angerechnet; oder es wird ein Zimmer in der Nähe

    des neuen Arbeitsorts (Wochenaufenthalt) bezahlt.

15. Definieren Sie den Begriff «Jahresarbeitszeit».

    Arbeitgeber und Arbeitnehmer vereinbaren die Arbeitszeit, die während eines Jahres geleistet

    werden muss, Der Mitarbeiter kann die tägliche/wöchentliche/monatliche Arbeitszeit

    (Anwesenheiten) und die Abwesenheiten grundsätzlich selber bestimmen Er muss jedoch die

    betrieblichen Bedürfnisse mit berücksichtigen. So muss der Mitarbeiter z. B. bereit sein, bei

    Kapazitätsspitzen mehr zu arbeiten als dann, wenn wenig Arbeit vorhanden ist. Über die geleistet

    Arbeitszeit wird erst nach Abschluss des Geschäftsjahres abgerechnet. Je nach Auslastung und

    Auftragslage sowie den persönlichen Interessen des Mitarbeiters kann dies zur Folge haben, dass er

    weniger oder mehr Leistung erbracht hat, als er dafür Lohn bezogen hat.

16. Was bedeutet Jahresarbeitszeit für die Führungsarbeit?

Der Vorgesetzte muss mit dem Mitarbeiter den Arbeitszeitrahmen langfristig absprechen und dafür

sorgen, dass der Betrieb trotz unregelmässiger Anwesenheit des Mitarbeitenden jederzeit

aufrechterhalten werden kann. Die organisatorischen Abläufe müssen evtl. neu strukturiert,

Aufträge evtl. längerfristig geplant und Stellvertretungen sichergestellt werden.

17. Wodurch könnten die Freiheiten des Mitarbeiters bezüglich Jahresarbeitszeit eingeschränkt werden?

Die Arbeitszeit kann evtl. nicht vollumfänglich selbst bestimmt werden. Allenfalls muss, wenn es die

betrieblichen Bedingungen erfordern, die Kompensation von Zeitguthaben aufgeschoben werden

oder der Mitarbeiter muss in einer Zeit kompensieren (freinehmen), in der er lieber arbeiten würde.

18. Aufgrund der Geschäftslage müssen personelle Überkapazitäten reduziert werden. Die Geschäftsleitung möchte nach Möglichkeit Kündigungen verhindern und bittet Sie um Vorschläge. Was
schlagen Sie vor?

– Mitarbeiter dazu animieren, Frienguthaben jetzt zu beziehen

– Abbau von Gleit- und Überzeitguthaben, Aufbau von Minusstunden akzeptieren

– Reduktion von Beschäftigungsgraden (statt 100 % 80 % Arbeitszeit bei 90 % Lohn)

– Weiterbildungsmassnahmen realisieren

– Unbezahlten Urlaub gewähren

– Kurzarbeit

– Wenn Situation längerfristig besteht: Abbau von Personal durch vorzeitige Pensionierungen

19. Einer Ihrer Mitarbeiter will sich weiterbilden. Die Weiterbildung findet allerdings unter der Woche während der Arbeitszeit statt. Der Mitarbeiter kann dadurch die normale Arbeitszeit nicht mehr vollumfänglich leisten. Welche Möglichkeiten sehen Sie, damit er seine Weiterbildung trotzdem machen kann?

– Reduktion des Beschäftigungsgrades

– Teilen der Ausfallstunden (50 % zulasten Arbeitnehmer, 50 % Aktiengesellschaft

– Ausgefallene Stunden aufrechnen und mit Mitarbeiter Vereinbarung treffen, wonach diese

 innerhalb definierter Zeit nach Weiterbildung, in der er im Betrieb weiterarbeitet, kompensiert

 werden (d. h. ohne geleistet zu werden, verfallen sie).

– Ausbildungsvertrag erstellen, der regelt, dass Ausbildungskosten der Arbeitnehmer bezahlt

 werden, die im Betrieb ausgefallenen Stunden dagegen vom Arbeitgeber übernommen werden.

20. Viele Unternehmen tendieren vermehrt dazu, Mitarbeiter nur noch auf Abruf, im Stundenlohn, anzu-
    stellen. Dies hat Vor-, aber auch Nachteile. Nennen Sie vier Vorteile aus Sicht des Arbeitnehmers.
    Nennen Sie vier Nachteile aus Sicht des Arbeitnehmers.

    – Mitarbeiter hat grösstmögliche Freiheit in der Gestaltung der Zeit

    – Kaum Verpflichtungen gegenüber dem Arbeitgeber

    – Keine Sicherheit bezüglich Einkommen

    – Versicherungsmässig oftmals schlechter gestellt als Mitarbeiter mit fest vereinbartem

      Arbeitspensum

    – Schlecht planbare Zeit, da Abruf oft sehr kurzfristig erfolgt

    – Wenn auf Einkommen angewiesen, grosse Abhängigkeit vom Arbeitgeber

    – Mitarbeiter braucht meist mehrere Arbeitgeber, um ein vernünftiges Einkommen zu erzielen

    – Die saisonalen Schwankungen spielen z. B. in der Baubranche eine wichtige Rolle (im Winter wenig

      Arbeit, im Sommer Arbeit im Überfluss); ausgewogene Beschäftigung während des ganzen Jahres

      ist fast unmöglich.

Lösungen zu Kapitel Personalmanagement

1. Nennen Sie die wichtigsten Aufgaben des Personalmanagements.

    – Personaladministration

    – Personalabbau

    – Personalplanung

    – Personalbeschaffung

    – Personalauswahl

    – Leistungsbeurteilung

    – Personalentwicklung

    – Personaleinsatz

    – Lohnfindung

    – Personalbetreuung/Sozialwesen

2. Die Personalplanung kann man in Teilbereiche gliedern.
   Machen Sie dazu einen Vorschlag.

   – Massnahmen zur Personalbeschaffung (kurzfristig)

   – Massnahmen zur Personalerhaltung (mittelfristig)

   – Massnahmen zur Personalentwicklung (langfristig)

3. Nennen Sie Bereiche des Personalmarketings.

   Personalbedarfsplanung, -suche, -beschaffung, -einsatz, -entwicklung, -freisetzung, -förderung,

   -beratung

4. Was ist das Mitarbeitergespräch, was beinhaltet es?

   Ein Förderungs- und Beratungsgespräch zwischen direktem Vorgesetzten und Mitarbeiter.

   Ein Rückblick auf die vergangene Arbeit, Zusammenarbeit, Feststellen des Weiterbildungsbedarfs,

   Festlegen von Zielen, Mitarbeiterbeurteilung

5. Welche Punkte werden beim Qualifikationsgespräch durchgenommen?

   – Misst vereinbarte Ziele

   – Zeigt Leistungen/Nichtleistungen auf

   – Fördert gegenseitiges Feedback

   – Neue Ziele werden formuliert und vereinbart

   – Massnahmen werden definiert

6. Nennen Sie den Unterschied zwischen sofortiger Freistellung und fristloser Kündigung.

   Sofortige Freistellung:

   Arbeitgeber verzichtet auf Arbeitsleistung. Arbeitnehmer behält aber alle Ansprüche gemäss

   Vertrag bis Ablauf der Kündigungsfrist.

   Fristlose Kündigung:

   Arbeitnehmer verliert alle Ansprüche ab Kündigungsdatum.

12

Lösungen

7. Nennen Sie mögliche Entlohnungssysteme.

   – Fixum

   – Fixum und Prämie

   – Bonus

   – Provision und Kombination

8. Was verstehen Sie unter Unternehmenskultur?

   Unternehmenskultur umfasst alle Werthaltungen und Zielsetzungen eines Unternehmens in Bezug

   auf den Umgang mit Menschen, Kernfaktoren, Managementfaktoren und Umweltfaktoren.

9. Was ist das Betriebsklima?

   Betriebsklima ist die Art und Weise, wie die Unternehmenskultur umgesetzt, angewendet

   und gelebt wird.

10. Nennen Sie mindestens vier Symptome zur Beurteilung der Unternehmenskultur eines Unternehmens.

   – Art und Weise, wie in einem Unternehmen kommuniziert wird.

   – Wer wird aufgrund welcher Leistung befördert?

   – Wie spricht man von Kunden?

   – Gestaltung von Gebäuden und Arbeitsräumen

   – Freundlichkeit der Telefonistin

11. Wie kann Personal extern beschafft werden?

   – Stellenanzeigen

   – Personalberater

   – PR-Aktivitäten

   – Persönliche Kontakte

12

Lösungen

12. Welche Mitarbeiter-Anforderungen unterscheidet man üblicherweise im Aufgabenbild oder in der Arbeitsbeschreibung?

Das Aufgabenbild basiert auf einer genauen Analyse der einzelnen Tätigkeiten, der notwendigen

Arbeitsinstrumente und Arbeitsgegenstände sowie der physischen und sozialen Arbeitsumwelt.

Ziel ist es, die Tätigkeit in prägnanten Sätzen und Stichworten zu beschreiben.

13. Welche Informationen muss ein Lebenslauf enthalten?

Ist nach wie vor das Kernstück jeder Bewerbung. Gibt Auskunft über die reale Bewährung in

konkreten Berufssituationen. Verlauf der beruflichen Karriere über mehrere Jahre hinweg.

14. Was ist beim Einholen von Referenzen zu beachten?

Informieren Sie den Referenzgeber über die Anforderungen an den Bewerber.

Nur gezielte, konkrete Fragen ergeben brauchbare Antworten.

Protokollieren Sie die wichtigsten Informationen.

Nicht zu viele Referenzen einholen. Arbeitsreferenzen den privaten vorziehen.

15. Welche Zusatzinformationen kann ein grafologisches Gutachten liefern?

– Führungseigenschaft

– Kreativität

– Vitalität, Durchsetzungskraft

– Ausgeglichenheit

– Moralische, ethische Haltung

– Allgemeines Intelligenzniveau

– Emotionale Reife

16. Wie kann ein Vorstellungsgespräch ablaufen?

1. Begrüssung und Vorstellung

2. Information über das Unternehmen

3. Besprechung der Bewerbungsunterlagen

4. Betriebs- und Arbeitsplatzbesichtigung (optional)

5. Besprechung der Anforderungen für die Position

6. Möglichkeiten der ausgeschriebenen Position

7. Test, Arbeitsproben

8. Dienstvertragliche Regelungen, Probezeit, Einarbeitung etc.

9. Gesprächsabschluss

17. Welche typischen Fragen stellen Personalverantwortliche?

– Was haben Sie bisher gemacht?

– Haben Sie EDV-Erfahrung?

– Warum wollen Sie den Arbeitgeber wechseln?

– Kennen Sie unsere Produkte?

– Sind Sie Mitglied in Vereinen?

– Was haben Sie zuletzt verdient?

– Sind Sie örtlich gebunden?

18. Welche Punkte umfasst die Bewerbungsabsage?

– Dank für die Bewerbung

– Würdigung der Erfahrung/Kenntnisse

– Absage mit Kurzbegründung

– Schlussformel (evtl. mit Hinweis auf eine spätere Bewerbung)

19. Was geschieht mit den Bewerbungsunterlagen abgelehnter Bewerbungen?

Die Unterlagen vollständig zurücksenden

20. Welche Arbeitszeugnisarten gibt es?

Lehrzeugnis, Probezeitzeugnis, Zwischenzeugnis, Vollzeugnis, Arbeitsbestätigung

21. Welche Bausteine soll ein Arbeitszeugnis umfassen?

– Persönliche Daten

– Funktion, Anstellungsdauer, Versetzungen

– Aufgabenumschreibung

– Leistungsbeurteilung

– Verhaltensbeurteilung

– Führungsbeurteilung

– Austrittsgrund, Dank und Schlusssatz

22. Wie soll die Sprache und der Stil in einem Arbeitszeugnis formuliert bzw. dargestellt werden?

Klare und übersichtliche Strukturen, direkt und klar formulieren, einfache und kurze Sätze, zu viele

Substantive vermeiden, aktive Verben verwenden, konkrete und aufgabenbezogene Aussagen

machen, besondere Fähigkeiten hervorheben

23. Was sind Ziel und Zweck von Qualifikationsgesprächen?

– Förderung der Leistung des Mitarbeiters

– Verbesserung der Ergebnisse des Unternehmens

– Überprüfung der Zielerreichung

– Festlegen neuer Ziele

– Weiterbildung planen

– Zusammenarbeit Chef – Mitarbeiter pflegen und verbessern

24. Was bedeutet Probezeit?

– Laut OR maximal drei Monate

– Für Unternehmen und Mitarbeiter, gegenseitiges Kennenlernen, Eignung

– Kurze Kündigungsfrist (sieben Tage)

25. Personalabbau: Die Personalplanung hat in kritischen Situationen die Aufgabe, frühzeitig klarzuma-
chen, dass Personal abgebaut werden muss. Welche Massnahmen dazu sind sinnvoll?

    – Einstellungsstopp

    – Übernahmestopp von Ausgebildeten

    – Überstundenverbot

    – Vorruhestandsregelungen

    – Kurzarbeit

    – Betriebsbedingt einzelne Kündigungen

    – Sozialplan

    – Outplacement

26. Über seinen Bereich hinaus leisten das Personalmanagement bzw. Human Resources in seiner
Dienstleistungsfunktion auch seinen Beitrag zu grundsätzlichen Fragen der Führung und Organisation. Führen Sie einige Themen bzw. Inhalte auf.

    – HR wirkt mit beim Entwickeln verbindlicher Richtlinien für die Mitarbeiterführung,

      den Führungsgrundsätzen.

    – HR unterstützt die Führungskräfte in ihrer Aufgabe durch Förderung ihrer Qualifikation,

      Information und Schulung.

    – HR führt Führungsinstrumente ein, wie Beurteilungs- und Lohnsysteme,

      Gesprächstechniken usw.

    – HR berät die Führungskräfte bei speziellen Führungsproblemen.

    – HR überwacht, ob die Führungsrichtlinien eingehalten und die Führungsinstrumente auch

      eingehalten werden.

    – HR beobachtet die Reaktionen der Mitarbeiter auf die praktizierte Führung.

27. Woran muss am ersten Arbeitstag gedacht werden?

– Pünktliche Begrüssung. Neu eintretende Personen werden dem Team und den wichtigen

Bezugspersonen vorgestellt.

– Orientierung über Arbeitsgebiet, Eintrittsformalitäten, Querschnittsabteilungen, Geräte und

die wichtigsten sonstigen Informationen

– Besprechung des Einführungs- und Einarbeitungsprogramms (evtl. gemeinsames Mittagessen)

– Übergabe eines bereiten Arbeitsplatzes, des Leihmaterials, der Schlüssel und Passwörter

– Ersten Auftrag übergeben und begleiten

– Zwischenbesprechungen führen bzw. terminieren

28. Welche Gegenstände werden einem neuen Mitarbeiter am ersten Arbeitstag bzw. in den ersten Arbeitstagen übergeben?

Schlüssel, Mitarbeiterhandbuch, Organigramm, Computer Passwort, Kostenstellenliste,

Reglemente, Zeiterfassungssystem, Betriebsausweis, Fachliteratur, Normenliste, Produktkatalog,

Telefonliste, Kontenrahmen, Innovationsmanagement, Ausrüstungs- und Verbrauchsmaterial,

Werkzeug, Leihgegenstände

29. Woran ist zu denken, was ist zu tun bei einem Neueintritt bis Ablauf der Probezeit?

1. Befragen des neu Eintretenden über seine Erfahrungen

2. Feedback geben, Interesse/Wertschätzung zeigen

3. Besprechen von Problemen, Lösungsfindung, Fragen beantworten

4. Diskutieren der Arbeitsgrundsätze der Abteilung

5. Überprüfen, ob anfänglich festgestellte Probleme gelöst sind

6. Vereinbaren zusätzlicher Schulungen aufgrund der bisherigen Erfahrungen

7. Erste formelle, mündliche Beurteilung

8. Gemeinsame Einführungsveranstaltung aller neu eintretenden Personen

9. Weiteres Vorgehen klären

10. Absprache mit der Linie (= Vorgesetzte, Abteilung)

11. Formeller Entscheid über Anstellung/Kündigung vor Ablauf der Probezeit

Notizen

12

Lösungen

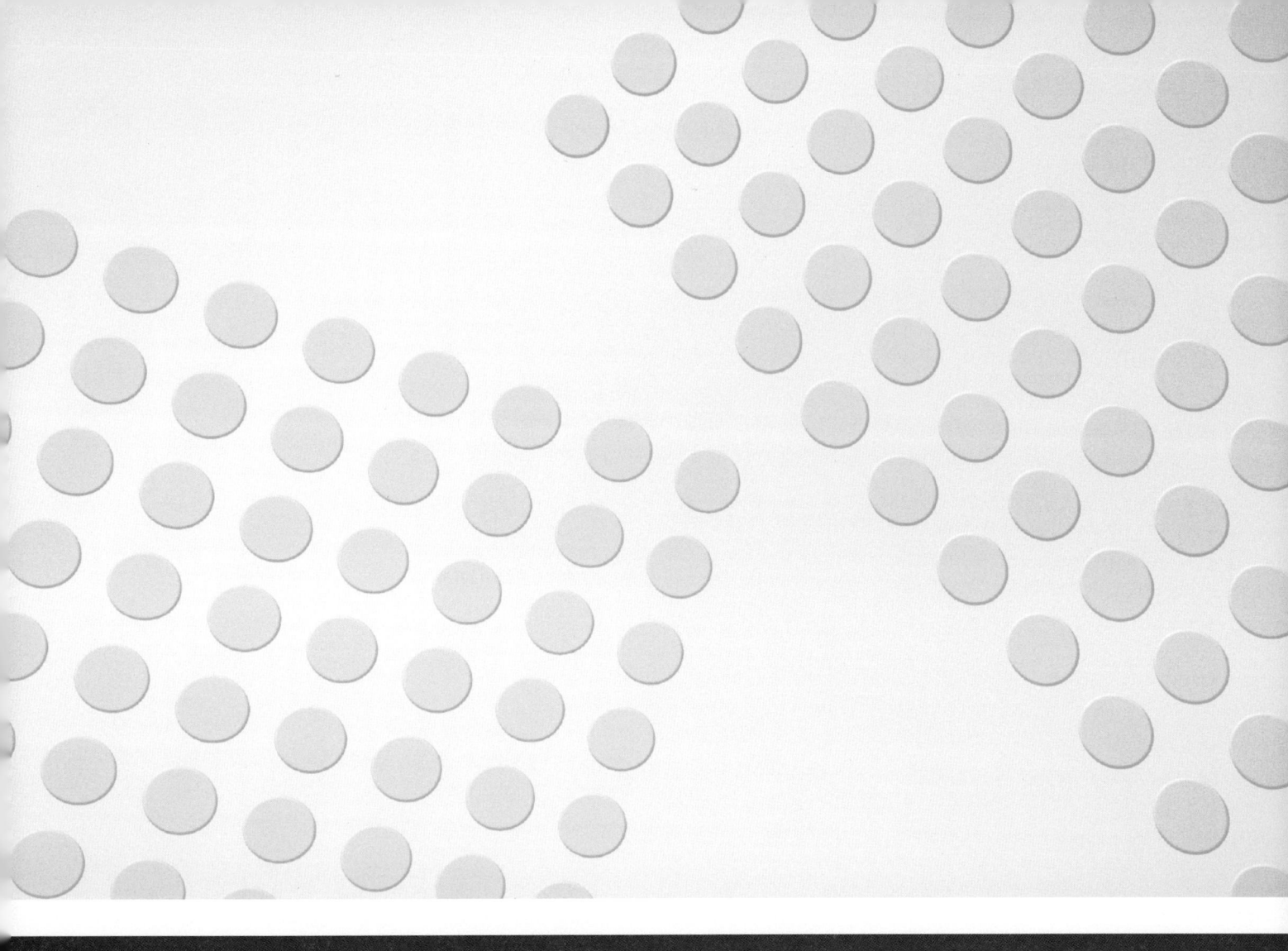

Marketing

Theorie, Aufgaben & Lösungen

Aline Berger

Inhaltsverzeichnis

Kurztheorie

Kapitel 1

1 Kurztheorie

Das Marketingkonzept – eine kurze Zusammenfassung der gesamten Marketingtheorie

1. **Ausgangslage (Situationsanalyse): Wo stehen wir?**
Mithilfe der folgenden Analyseinstrumente und Darstellungsformen wird die aktuelle Lage ermittelt und beschrieben:

- Marktformen und -konstellationen
- Marktsystem
- Marktsegmente
- Teilmärkte
- Marktkennziffern
- SWOT-Analyse
- Produktlebenszyklus
- Portfolio-Analyse (BCG-Matrix)
- ABC-Analyse
- Benchmarking
- Positionierungskreuz
- Fünf-Kräfte-Modell (Porter)
- Primäre und sekundäre Marktforschung

Nach Abschluss der Analysen sind Schlussfolgerungen (Fazit) zu ziehen: Erkenntnisse zusammenfassen, kombinieren und gewichten. Entscheiden, welche Resultate und Einflüsse zu berücksichtigen sind und welche nicht.

2. **Marketingziele: Wo wollen wir hin?**
Das Fazit aus der Situationsanalyse bildet die Grundlage für den Entscheid, wie die Zukunft aussehen soll. Diese wird mit konkreten Zielen beschrieben:

- Qualitative (vorökonomische), quantitative (ökonomische) Ziele
- Mess- und überprüfbare Ziele (SMART)
- Strategische, taktische, operative Ziele
- Marketingzwischen- und -unterziele
- Zielformulierung nach SMART, d. h. mess- und kontrollierbar

3. **Marketingstrategie: Wie gelangen wir zum Ziel?**
Die Strategie beschreibt den Weg von der Ausgangslage zum Ziel. Sie ist ein Plan, der die «Marschrichtung» vorgibt.

- Kernstrategie: Normstrategien nach Ansoff
- Marktwahl: Teilmarkt-/Marktsegmentstrategie
- Wettbewerbsstrategie, z. B. nach Porter
- Marktbearbeitungsstrategie: Absatzweg, Export, Produkteinführung

4. **Marketinginstrumente: Wie setzen wir die Strategie konkret um?**
Mithilfe der Marketinginstrumente und ihren Subinstrumenten wird die Strategie umgesetzt. Für jedes eingesetzte Subinstrument wird ein konkreter Massnahmenplan erstellt.

- Marketingmix: Einsatz und Gewichtung der 7 P (Product, Price, Place, Promotion, People, Processes, Physical Facilities)
- Marketinginstrumente und Subinstrumente:
  - Produktgestaltung: Nutzen, Sortiment, Marke, Verpackung, Service
  - Preisgestaltung: Preisfindung/-differenzierung/-strategie, Rabatte, Konditionen, Finanzierung
  - Distribution: Distributionsformen/Absatzwege/Absatzkanäle, Distributionsdifferenzierung, strategische & physische Distribution, Distributionskennzahlen, Standortfaktoren
  - Marketingkommunikation: Verkauf, Werbung, Verkaufsförderung, Public Relations, Sponsoring, Direktmarketing, Online- & Social-Media-Marketing, Product-Placement, Testimonials
- Massnahmenpläne (Was, Wer, Wann, Wie, Wo, Kontrollpunkte) für die einzusetzenden Subinstrumente

5. **Marketinginfrastruktur: Welche Ressourcen benötigen wir?**
Für die Umsetzung der Massnahmen braucht es Personal, Know-how, Geld, technische und organisatorische Hilfsmittel usw.

- Eigenes Personal & Partner/Auftragnehmer
- Marketingfunktionen & -organisation
- Räumlichkeiten, technische Ausstattung, Material
- Budget

6. **Marketingkontrolle: Haben wir die Ziele erreicht?**
Umsetzungsschritte, Budget und die Erreichung von Teilzielen werden laufend überprüft. Am Schluss ist klar, ob und welche Marketingziele erreicht wurden und welche Korrekturmassnahmen nötig sind.

- Leistungs- und finanzwirtschaftliche Kontrollen
- Soziale Komponenten
- Kontrollinstrumente: Soll-Ist-Vergleich, Benchmarking, BCG-Analyse, Break-even-Analyse, Gap-Analyse u. v. m.

Repetitionsfragen

Kapitel 2

2 Repetitionsfragen

2.1 Einführung ins Marketing

1. Definieren Sie «Marketing» mit eigenen Worten.

2. Wie lässt sich das Marketing organisatorisch in ein Unternehmen eingliedern?

3. Welches sind die Hauptaufgaben des Marketings?

4. Was ist ein «Markt»?

5. Zählen Sie 5 aktuelle Marketingtrends auf.

6. Was heisst B2C, was B2B?

7. Nennen Sie fünf konkrete Einflüsse, denen das Marketing heute ausgesetzt ist.

8. Wie alt ist der Begriff «Marketing»?

2.2 Marketinggrundlagen

1. Was ist der Unterschied zwischen Bedürfnis und Bedarf?

2. Warum ist in der Schweiz die Nachfrage nach Leistungen, die Wertschätzungs- und Selbstverwirklichungsbedürfnisse befriedigen, grösser als in Mexiko?

3. Welche Arten von Gütern lassen sich unterscheiden?

4. Erklären Sie die folgenden Begriffe: Substitutionsgut, Halbfabrikat, Produktionsgut.

5. Was sind Industriegüter?

6. Was ist ein Käufer-, was ein Verkäufermarkt?

7. Was ist ein Monopol?

8. Welche Marktkonstellationen herrschen in folgenden Branchen vor: Unterhaltungselektronik, Rohstoff-handel, Coiffeure, Gastronomie, Treuhand, Chemische Industrie, Baugewerbe, Telekommunikation?

9. Wie lassen sich Marktsegmente definieren?

10. Nennen Sie je zwei Beispiele für soziodemografische, verhaltensbezogene, kommunikationsbezoge-ne und psychologische Merkmale.

11. Welche Marktsegmente könnte ein mittelgrosser Sanitärbetrieb bearbeiten?

12. Wie lässt sich der Sättigungsgrad berechnen?

13. Beschreiben Sie fünf Marktkennziffern.

14. Welche der Marktgrössen ist die kleinste, welche die grösste?

15. Wie ist das Verhältnis zwischen Marktpotenzial und Marktvolumen, wenn der Markt ungesättigt ist?

16. Wie setzt sich das Marktsystem zusammen?

17. Welche Teilmärkte könnte eine Möbelschreinerei definieren?

18. Erklären Sie die Begriffe «Buying Center» und «Gatekeeper».

19. Zählen Sie die Umweltsphären auf.

20. Nennen Sie fünf verschiedene Absatzmittler.

21. Was ist eine Nutzwertanalyse?

22. Was bedeutet Multichanneling?

2.3 Marketingorganisation & -funktionen

1. Nach welchen Kriterien kann eine Marketing-Aufbauorganisation gegliedert werden?

2. Zählen Sie fünf Marketingfunktionen auf.

2.4 Das Marketingkonzept

1. Was ist ein «Konzept», was eine «Strategie»?

2. Nennen Sie je ein Beispiel für Pläne, die auf Funktionsebene, Bereichsebene und Unternehmensebene erstellt werden.

3. Nennen Sie zwei verschiedene Arten bzw. Kategorien von Marketingzielen.

4. Nach welchen grundlegenden Methoden kann ein (Marketing-)Plan aufgebaut werden?

5. Wie kann ein Marketingbudget festgelegt werden?

6. Was beinhaltet die Marketinginfrastruktur?

7. Warum beinhaltet das Marketingkonzept eine Kontrolle?

2.5 Marktforschung

1. Welche Branche betreibt am meisten Marktforschung?

2. Zählen Sie drei bedeutende Schweizer Marktforschungsinstitute auf.

3. Was ist der Unterschied zwischen Markt- und Meinungsforschung?

4. Beschreiben Sie kurz den Marktforschungsprozess.

5. Welche zwei Grundtypen der Marktforschung gibt es?

6. Welche zwei Grundmethoden lassen sich in der Marktforschung unterscheiden?

7. Zählen Sie vier verschiedene Quellen für desk research auf.

8. Welche Forschungsmethoden kennt die Sekundärforschung?

   _____

   _____

9. Welche Forschungsmethoden kennt die Primärforschung?

   _____

   _____

10. Welche Arten von Befragungen lassen sich durchführen?

    _____

    _____

11. Was ist ein Produkt-, was ein Storetest?

    _____

    _____

    _____

    _____

12. Was ist der Unterschied zwischen einer Voll- und einer Teilerhebung?

    _____

    _____

    _____

13. Was bedeutet «Random»?

    _____

14. Erklären Sie kurz folgende Studien: Panel, Ad-hoc, Omnibus, Delphi.

    _____

    _____

    _____

    _____

    _____

15. Was ist eine «SWOT»-Analyse?

_____

_____

_____

16. Was sind Pre-, was Posttests?

_____

_____

_____

17. Was ist der Unterschied zwischen gestütztem und ungestütztem Bekanntheitsgrad?

_____

_____

_____

2.6 Marketingziele

1. Was ist der Unterschied zwischen strategischen, operativen und taktischen Marketingzielen?

_____

_____

2. Was muss ein Ziel beinhalten, um mess- und überprüfbar zu sein?

_____

_____

_____

2.7   Die Marketingstrategie

1. Wie lauten die Normstrategien nach Ansoff?

2. Welche Formen der Diversifikation lassen sich unterscheiden?

3. Welches grundlegende Ziel verfolgt ein Unternehmen, das eine Strategie nach Ansoff verfolgt?

4. Was sind strategische Geschäftsfelder (SGF)?

5. Was sind strategische Geschäftseinheiten (SGE)?

6. Was beinhaltet die Feinsegmentierung?

7. Was bedeutet Differenzierung?

8. Was heisst Positionierung?

9. Wie lauten die Normstrategien nach Ansoff?

10. Beschreiben Sie drei Wettbewerbsstrategien (z. B. nach Kühn).

2.8 Marketinginstrumente & Marketingmix

1. Beschreiben Sie kurz die vier klassischen Marketinginstrumente.

2. Was bedeutet «Marketingmix»?

3. Was ist die «Push-Pull-Relation»?

2.9 Produkt- & Programmpolitik

1. Zählen Sie die Subinstrumente der Produktpolitik auf.

2. Was bedeuten die Begriffe «Produktpersistenz», «Produktmodifikation», «Produktinnovation» und «Produktelimination»?

3. Aus welchen Phasen besteht der Produktlebenszyklus?

4. Wie verläuft die Gewinnkurve im Produktlebenszyklus?

5. Wie lässt sich der Produktlebenszyklus mit der Produktportfolio-Analyse (BGC-Matrix) verbinden?

6. In welcher Phase des Produktlebenszyklus sind die Marketingkosten am höchsten, in welcher am tiefsten?

7. Was ist ein Revival, was ein Relaunch und wann sind diese Massnahmen angebracht?

8. Welche Grössen (x- und y-Achse) stellt die BCG-Matrix einander gegenüber?

9. Was lässt sich aus der BCG-Matrix herauslesen?

10. Was heisst «relativer» Marktanteil?

11. Welches sind die Merkmale einer «Cash Cow»?

12. Welches sind die Merkmale einer «Question Mark»?

13. Was ist ein «Me-too-Produkt»?

14. Welche Aufgaben/Funktionen hat das Sortiment?

15. Erklären Sie kurz die Sortimentsgrössen.

16. Was sind Kern-, Rand- und Zusatzsortimente?

17. Welches sind die Aufgaben der Verpackung?

18. Welche Arten von Marken gibt es?

19. Welche Funktionen kommen der Marke zu?

20. Was versteht man unter «Branding»?

21. Warum ist es wichtig, neben dem eigentlichen Produkt auch Serviceleistungen zu bieten?

22. Wann/zu welchem Zeitpunkt können dem Kunden welche Serviceleistungen angeboten werden?

2.10 Preispolitik

1. Was beinhaltet die Preispolitik?

2. Zählen Sie sechs Faktoren auf, die die Preisfestlegung beeinflussen.

3. Was heisst «Preiselastizität»?

4. Welche Arten von Produkten sind preiselastisch bzw. preisunelastisch?

5. Erklären Sie kurz vier Arten der Preisdifferenzierung.

6. Welches sind die wichtigsten Rabattarten?

7. Erklären Sie die folgenden Begriffe: Lieferantenkredit, Factoring, Leasing.

2.11 Promotion

1. Was bedeuten die Begriffe Corporate Identity, Corporate Design und Corporate Communications?

2. Nach welchen übergeordneten Vorgaben hat sich ein Promotionskonzept zu richten?

3. Zählen Sie sechs Subinstrumente der Promotion auf.

4. Aus welchen Elementen besteht ein Promotionskonzept?

5. Welchen Stellenwert geniesst die Promotion innerhalb des Marketingmix?

6. Was ist der Unterschied zwischen Verkaufsförderung und Werbung?

7. Was ist integrierte Kommunikation?

_____

_____

_____

8. Zählen Sie vier Mediengattungen auf.

_____

2.11.1 Werbung

1. Welche Ziele verfolgt die Werbung?

_____

2. Was beinhaltet die Werbeplattform?

_____

_____

3. Was ist der Reason-why?

_____

4. Was bedeuten Consumer Benefit und Product Benefit?

_____

5. Was beinhaltet die Mediaplattform?

_____

_____

6. Was ist ein Inter-, was ein Intramediavergleich?

_____

_____

_____

_____

7. Was ist der Unterschied zwischen einem Werbeträger und einem Werbemittel?

2.11.2 Verkaufsförderung

1. Beschreiben Sie kurz die drei Aktionsebenen der Verkaufsförderung.

2. Nennen Sie je drei Beispiele für Verkaufsförderungsmassnahmen auf jeder Aktionsebene.

3. Aus welchen Elementen besteht ein Verkaufsförderungskonzept?

4. Welche Ziele verfolgt die Verkaufsförderung?

5. Was ist der Unterschied zwischen Umsatz und Absatz?

6. Nennen Sie die vier Grundstrategien der Verkaufsförderung (nach Bruhn).

7. Wie lässt sich der Erfolg von Verkaufsförderungsmassnahmen prüfen?

2.11.3 Verkauf

1. Nennen Sie sechs Aufgaben des persönlichen Verkaufs.

2. Beschreiben Sie kurz die drei Verkaufsformen.

3. Was ist Platz-, was Feldverkauf?

4. Was beinhaltet das Verkaufskonzept?

5. Zählen Sie die sechs subvariablen Entscheide auf.

6. Was sind A-, B-, C- und N-Kunden?

_____

_____

7. Woraus besteht ein Kontaktplan?

_____

_____

8. Was ist ein Streuplan?

_____

9. Woraus besteht die Primär-, woraus die Sekundärplanung?

_____

_____

_____

10. Was beinhaltet die Warenpräsentation?

_____

_____

11. Nennen Sie je zwei Beispiele für eine Universal- und eine Fachmesse.

_____

_____

12. Was bedeutet CRM?

_____

13. Zählen Sie fünf Verkaufshilfen auf.

_____

Repetitionsfragen

2

14. Die «Waschmaschinen AG» plant für 2016 einen Umsatz von CHF 10 Mio., davon je 60 % mit Haushaltmaschinen und 40 % mit Gastromaschinen. Der Einstandspreis beträgt pro Gastromaschine CHF 2500.00. Der Verkaufspreis an den Endkunden (z. B. Restaurants) beträgt pro Gastromaschine CHF 4900.00, die Installationskosten für den Endverbraucher belaufen sich auf ca. CHF 300.00 pro Maschine. Der Wiederverkaufsrabatt für den Handel beträgt 35 % vom Verkaufspreis. Die Gastromaschinen werden ausschliesslich über Händler vertrieben. Berechnen Sie für die Gastromaschinen, Jahr 2016, das Umsatzziel, das Absatzziel und der Deckungsbeitrag.

15. Wie viel beträgt der Marktanteil der «Waschmaschinen AG» bei den Gastromaschinen, wenn das Gesamtmarktvolumen bei 32 000 Maschinen pro Jahr liegt?

2.11.4 Public Relations und Sponsoring

1. Was sind Public Relations?

2. Welches sind die grundlegenden Ziele der Public Relations?

3. In welche Aufgabenfelder lassen sich Public Relations gliedern?

4. Welche Arten von PR-Botschaften gibt es? Nennen Sie je ein Beispiel.

5. Welche ethischen Grundsätze liegen den Public Relations zugrunde?

6. Was ist ein Briefing, was ein Rebriefing und was ein Debriefing?

2.11.5 Weitere Instrumente der Promotion

1. Was ist ein Event?

2. Was bezweckt Dialogmarketing?

3. Zählen Sie fünf Direktmarketing-Instrumente auf.

4. Welche Social Media eignen sich für Geschäftskontakte? Nennen Sie vier gängige Social Media.

Repetitionsfragen

2

5. Welche Werbemöglichkeiten bietet das Internet? Zählen Sie fünf Möglichkeiten auf.

6. Welche Werbemöglichkeiten bietet das Fernsehen?

7. Was ist der Unterschied zwischen einem Testimonial und einem Opinion Leader?

8. Was ist eine Publireportage?

9. Was ist Search Engine Optimization?

10. Was ist Affiliate-Marketing?

2.12 Distribution

1. Womit befasst sich die strategische, womit die physische Distribution?

2. Welche Arten der Distributionsdifferenzierung gibt es?

3. Nennen Sie drei verschiedene Typen von Detailhändlern mit je einem Beispiel.

4. Erklären Sie kurz folgende Vertriebsformen: Franchising, Joint-Venture, Shop-in-Shop, Strukturvertrieb.

5. Welche «Transporte» übernimmt die physische Distribution neben dem Warenfluss?

6. Was bedeutet «numerische», was «gewichtete» Distribution?

7. Was ist der Distributionsfaktor?

_____

_____

_____

_____

2.13 Realisierung und Marketingkontrolle

1. Nach welchen verschiedenen Arten kann budgetiert werden?

_____

2. Erklären Sie die Bottom-up-Budgetiertung.

_____

_____

3. Wie viel Reserve wird normalerweise in Budgets vorgesehen?

_____

4. Was wird in der Marketingkontrolle hauptsächlich überprüft?

_____

5. Welche Kontrollbereiche lassen sich unterscheiden?

_____

_____

_____

6. Welche Elemente enthält ein Kontrollplan?

_____

7. Was ist der Unterschied zwischen Marketingkontrolle und Marketing-Controlling?

_____

_____

_____

8. Welche Methoden kennt das Marketing-Controlling?

_____

Notizen

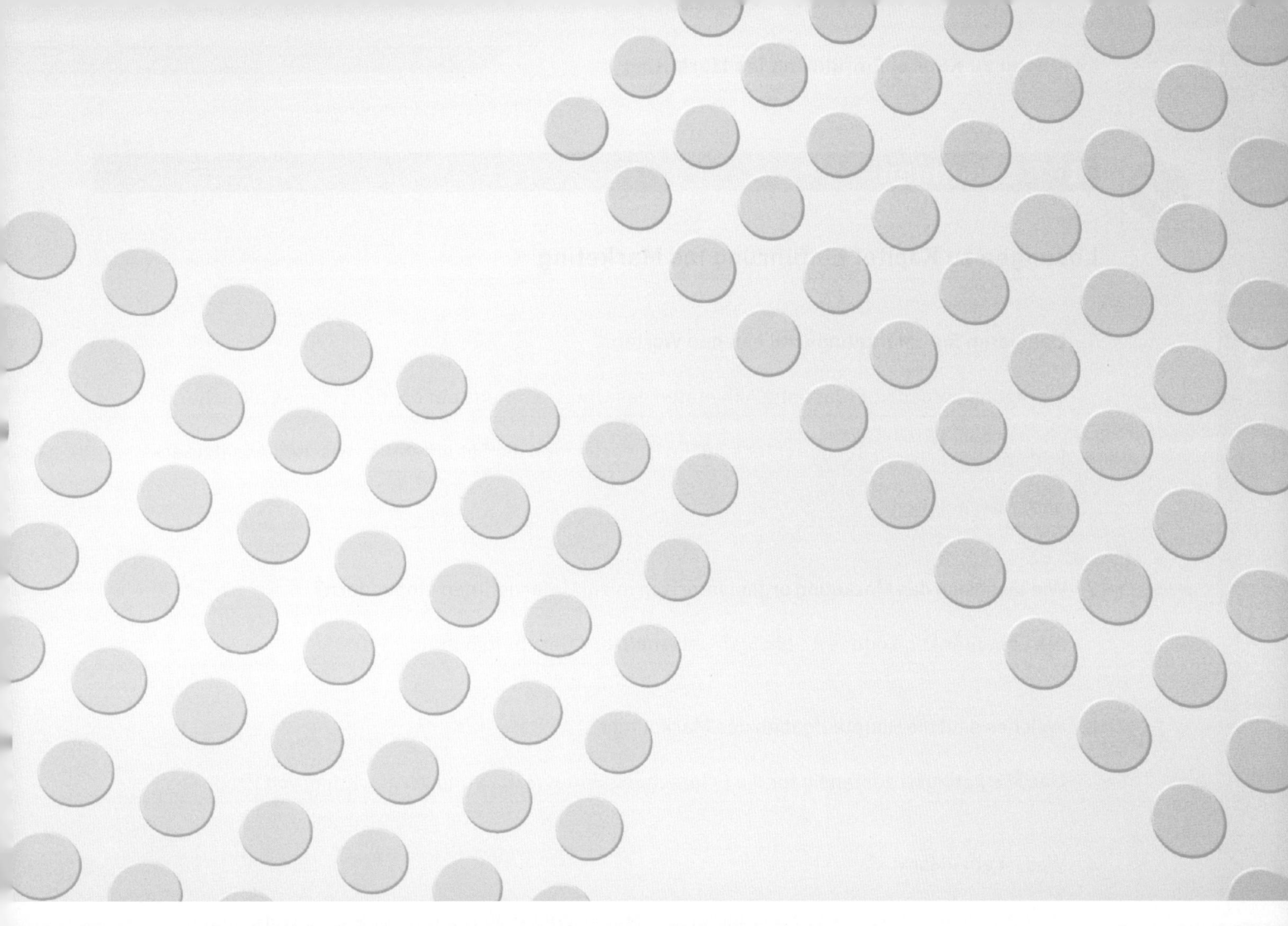

Lösungen

Kapitel 3

3   Lösungen

Lösungen zu Kapitel Einführung ins Marketing

1. Definieren Sie «Marketing» mit eigenen Worten.

   Marketing sorgt dafür, dass alle Aktivitäten des Unternehmens auf die Bedürfnisse aktueller und

   potenzieller Kunden ausgerichtet sind. Es ist sozusagen die Schnittstelle zwischen Absatzmarkt

   und Unternehmen.

2. Wie lässt sich das Marketing organisatorisch in ein Unternehmen eingliedern?

   Als Linienfunktion oder evtl. als Stab unterhalb der Geschäftsleitung

3. Welches sind die Hauptaufgaben des Marketings?

   Das Marketing ist zuständig für die Erforschung, Entwicklung und Vermarktung von Produkten.

4. Was ist ein «Markt»?

   Ort (physisch oder virtuell), wo Anbieter und Nachfrager aufeinandertreffen, wo Ware gegen

   Geld getauscht wird

5. Zählen Sie 5 aktuelle Marketingtrends auf.

   Social-Media-Marketing, Permission Marketing, Customer Experience, Big Data, Cloud Services,

   Branding usw.

6. Was heisst B2C, was B2B?

   Business to Consumer (Privatkundengeschäfte), Business to Business (Firmenkunden-Geschäfte)

7. Nennen Sie fünf konkrete Einflüsse, denen das Marketing heute ausgesetzt ist.

   Gesellschaftliche Entwicklungen wie Überalterung, Ökologiebewusstsein, Multioptionsgesellschaft,

   technologische Entwicklungen wie Smartphones und Tablets, ökonomische Faktoren wie

   Währungsschwankungen, Jugendarbeitslosigkeit, Marktkonzentration, Marktsättigung usw.

8. Wie alt ist der Begriff «Marketing»?

   Gut 100 Jahre, er entstand 1905 in den USA.

Lösungen zu Kapitel Marketinggrundlagen

1. Was ist der Unterschied zwischen Bedürfnis und Bedarf?

   Ein Bedürfnis ist eine Mangelerscheinung bei einem einzelnen Menschen. Erst wenn viele

   Menschen ein gleiches oder ähnliches Bedürfnis haben, entsteht ein Bedarf.

2. Warum ist in der Schweiz die Nachfrage nach Leistungen, die Wertschätzungs- und Selbstverwirklichungsbedürfnisse befriedigen, grösser als in Mexiko?

   Der Wohlstand und die Kaufkraft sind in der Schweiz höher, ebenso wie die Grund-, Sicherheits-

   und Sozialen Bedürfnisse.

3. Welche Arten von Gütern lassen sich unterscheiden?

   Freie Güter, Wirtschaftsgüter, Investitionsgüter, Konsumgüter (Gebrauchs- und Verbrauchsgüter),

   Dienstleistungen

4. Erklären Sie die folgenden Begriffe: Substitutionsgut, Halbfabrikat, Produktionsgut.

   Substitutionsgut: Ersatzprodukt (z. B. Margarine statt Butter)

   Halbfabrikat: halb fertiges Produkt (auch: Vorprodukt), das der Verwender selbst weiterverarbeitet

   (z. B. Schokoladenkuvertüre, Aluprofil)

   Produktionsgut: Investitionsgüter, (Roh-)Material, Halbfabrikate, Fabrikationshilfen

5. Was sind Industriegüter?

   Produktionsgüter/Investitionsgüter wie z. B. eine Fräse

6. Was ist ein Käufer-, was ein Verkäufermarkt?

   Im Käufermarkt ist das Angebot grösser als die Nachfrage, weshalb die Käufer im Vorteil und die

   Preise eher tief sind.

   Im Verkäufermarkt ist die Nachfrage grösser als das Angebot, der Verkäufer ist im Vorteil und kann

   die Preise eher hoch halten.

7. Was ist ein Monopol?

   Ein grosser Anbieter, der mehreren Nachfragern gegenübersteht, oder ein grosser Nachfrager,

   der zwischen mehreren Anbietern wählen kann.

8. Welche Marktkonstellationen herrschen in folgenden Branchen vor: Unterhaltungselektronik, Rohstoffhandel, Coiffeure, Gastronomie, Treuhand, Chemische Industrie, Baugewerbe, Telekommunikation?

Unterhaltungselektronik, Coiffeure, Gastronomie, Treuhand und Baugewerbe: Käufermarkt,

Angebotsüberhang, atomistische (vollständige) Konkurrenz

Rohstoffhandel, chemische Industrie und Telekommunikation: Verkäufermarkt,

Nachfrageüberhang, Angebots-Oligopol

9. Wie lassen sich Marktsegmente definieren?

Nach soziodemografischen, verhaltensbezogenen, kommunikationsbezogenen und psychologischen

Merkmalen

10. Nennen Sie je zwei Beispiele für soziodemografische, verhaltensbezogene, kommunikationsbezogene und psychologische Merkmale.

Soziodemografisch: Wohnort, Bildungsstand, Alter, Geschlecht, Familiengrösse

Verhaltensbezogen: kauft täglich ein, kauft im Discounter ein, kauft im Ausland ein, bevorzugt

Kleinpackungen

Kommunikationsbezogen: liest Zeitung, informiert sich über Social Media, berät sich mit Kollegen

Psychologisch: ist gesundheitsbewusst, ist ökologiebewusst, ist leistungsorientiert, ist gesellig

11. Welche Marktsegmente könnte ein mittelgrosser Sanitärbetrieb bearbeiten?

Zum Beispiel Privatkunden Küche, Privatkunden Bad, Sanitär-Installateure, Bauherren, Architekten

12. Wie lässt sich der Sättigungsgrad berechnen?

Marktvolumen × 100 : Marktpotenzial

13. Beschreiben Sie fünf Marktkennziffern.

Marktkapazität: gesamte theoretische (d. h. ohne Berücksichtigung der Kaufkraft)

Aufnahmefähigkeit eines bestimmten Marktes

Marktpotenzial: gesamte Aufnahmefähigkeit eines bestimmten Marktes unter Berücksichtigung

der Kaufkraft

Marktvolumen: Total der abgesetzten Ware innerhalb einer bestimmten Zeitperiode in einem

definierten Markt (z. B. 180 000 Tonnen Schweizer Schokolade weltweit im Jahr 2013)

Marktanteil: Anteil eines einzelnen Anbieters am Marktvolumen (z. B. die Anteile von Chocolat Frey,

Lindt & Sprüngli usw.)

Marktsättigung: Verhältnis Marktvolumen/Marktpotenzial, wenn das Marktvolumen die Grösse

des Marktpotenzials erreicht, ist der Markt zu 100 % gesättigt

14. Welche der Marktgrössen ist die kleinste, welche die grösste?

Kleinste: Marktanteil

Grösste: Marktkapazität

15. Wie ist das Verhältnis zwischen Marktpotenzial und Marktvolumen, wenn der Markt ungesättigt ist?

Potenzial ist grösser als Volumen.

16. Wie setzt sich das Marktsystem zusammen?

Eigenes Unternehmen, wichtigste(r) Mitbewerber, Marketingmix, Absatzwege/Absatzmittler,

interne und externe Beeinflusser, Endkonsumenten. Ausserhalb des Marktsystems:

Einflussfaktoren.

17. Welche Teilmärkte könnte eine Möbelschreinerei definieren?

Stühle, Tische, Betten, Schränke usw.

18. Erklären Sie die Begriffe «Buying Center» und «Gatekeeper».

Buying Center: Einkaufsgremium, bestehend z. B. aus dem Endbenutzer, dem Einkäufer,

Beeinflussern, dem Entscheidungsbefugten und dem Gatekeeper.

Gatekeeper: filtert Informationen; entscheidet, welche Informationen weitergegeben und welche

zurückbehalten werden; GL-Assistenten, Journalisten usw. können z. B. Gatekeeper sein.

19. Zählen Sie die Umweltsphären auf.

Wirtschaftliche (ökonomische), technologische, natürliche (ökologische), gesellschaftliche und

mediale, politische und rechtliche Sphäre

20. Nennen Sie fünf verschiedene Absatzmittler.

Grossist, Detaillist, Makler, Agent, Exporteur, Kommissionär

21. Was ist eine Nutzwertanalyse?

Eine Entscheidungsmatrix; eine Tabelle, in die mehrere Varianten und mehrere Kriterien

eingetragen, bewertet und schliesslich ausgewertet werden; ein Instrument, mit dessen Hilfe

Entscheide systematisch gefällt werden können.

22. Was bedeutet Multichanneling?

Mehrere Kanäle benutzen, «mehrgleisig fahren». Zum Beispiel in der Promotion mehrere

Kommunikationskanäle (Printmedien, Website, Events, Social Media) oder in der Distribution

mehrere Vertriebskanäle (Grosshandel, Detailhandel, Fabrikladen, Webshop) zu berücksichtigen.

Lösungen zu Kapitel Marketingorganisation & -funktionen

1. Nach welchen Kriterien kann eine Marketing-Aufbauorganisation gegliedert werden?

Nach Verrichtung/Aufgaben, nach Produkten/Produktgruppen, nach Märkten

2. Zählen Sie fünf Marketingfunktionen auf.

Marketing Management, Product Management, Category Management, Key Account Management,

Preisgestaltung, Marketingkommunikation, Vertriebsmanagement

Lösungen zu Kapitel Das Marketingkonzept

1. Was ist ein «Konzept», was eine «Strategie»?

   Ein Konzept ist ein Plan, bestehend aus Analyse, Zielen, Strategie, Umsetzungsplan (Massnahmen,

   Verantwortung, Termin, Budget) und Kontrolle.

   Die Strategie ist Bestandteil des Konzepts und beschreibt, wie die Ziele erreicht werden können.

2. Nennen Sie je ein Beispiel für Pläne, die auf Funktionsebene, Bereichsebene und Unternehmensebene erstellt werden.

   Funktionsebene: Marketingkonzept, Produktionsplanung

   Bereichsebene: Bereichskonzept (z. B. für die Bereiche «Privatkunden» oder «Geschäftskunden»)

   Unternehmensebene: Unternehmensstrategie, Unternehmenskonzept

3. Nennen Sie zwei verschiedene Arten bzw. Kategorien von Marketingzielen.

   Qualitative und quantitative Ziele, vorökonomische und ökonomische Ziele

4. Nach welchen grundlegenden Methoden kann ein (Marketing-)Plan aufgebaut werden?

   Top-down oder bottom-up

5. Wie kann ein Marketingbudget festgelegt werden?

   In % des Umsatzes oder des Gewinns, bottom-up (d. h. Massnahme für Massnahme aufaddieren),

   ähnliches Budget wie der wichtigste Mitbewerber

6. Was beinhaltet die Marketinginfrastruktur?

   Die Marketingorganisation, das benötigte Personal, Räume, technische Ausstattung usw.

7. Warum beinhaltet das Marketingkonzept eine Kontrolle?

   Die Kontrolle zeigt, ob die gesetzten Ziele erreicht wurden. Aus der Kontrolle lassen sich

   Korrekturmassnahmen für weitere Marketingkonzepte ableiten.

Lösungen zu Kapitel Marktforschung

1. Welche Branche betreibt am meisten Marktforschung?

   Lebensmittel und Detailhandel

2. Zählen Sie drei bedeutende Schweizer Marktforschungsinstitute auf.

   GFK, Demoscope, Isopublic, Link, The Nielsen Company

3. Was ist der Unterschied zwischen Markt- und Meinungsforschung?

   Die Marktforschung konzentriert sich auf den Absatz- und Beschaffungsmarkt, während die

   Meinungsforschung allgemeine Themen aufnimmt (z. B. zu politischen, gesellschaftlichen,

   ökologischen Themen).

4. Beschreiben Sie kurz den Marktforschungsprozess.

   1. Ausgangslage / Problem beschreiben

   2. Ziele der Marktforschung definieren

   3. Studiendesign: Strategie bestimmen (Methode, Auswahlverfahren, Anzahl Probanden, Termine,

      Kosten, Kontrolle)

   4. Durchführung der Forschung

   5. Umsetzung der Ergebnisse (Erkenntnisse fürs Marketing aufbereiten)

5. Welche zwei Grundtypen der Marktforschung gibt es?

   Quantitative (Umfrageforschung) und qualitative (psychologische) Marktforschung

6. Welche zwei Grundmethoden lassen sich in der Marktforschung unterscheiden?

   Primär- und Sekundärforschung / field und desk(-top) research

7. Zählen Sie vier verschiedene Quellen für desk research auf.

   Intern: Verkaufsstatistik, BAB, Einzelkalkulationen

   Extern: Forschungsinstitute, Branchenverbände, Bundesamt für Statistik

8. Welche Forschungsmethoden kennt die Sekundärforschung?

Auswertung früherer Marktforschungen, Auswertung bestehender Statistiken, Analyse von

Fachliteratur usw.

9. Welche Forschungsmethoden kennt die Primärforschung?

Befragung, Beobachtung, Experiment

10. Welche Arten von Befragungen lassen sich durchführen?

Persönliche, telefonische, schriftliche

11. Was ist ein Produkt-, was ein Storetest?

Produkttest: Potenzielle Käufer testen das Produkt (z. B. hinsichtlich Geschmack, Handhabung,

Verpackung, Preis), bevor es auf den Markt kommt.

Storetest: Das Produkt wird probehalber in einem oder mehreren ausgewählten Geschäften

verkauft.

12. Was ist der Unterschied zwischen einer Voll- und einer Teilerhebung?

Bei der Vollerhebung werden **alle** Personen aus der Grundgesamtheit (z. B. alle Schweizer, die im

Kanton Bern wohnen) befragt. Für die Teilerhebung wird eine Stichprobe gezogen, d. h., es wird ein

Teil aus der Grundgesamtheit ausgewählt, der diese möglichst genau repräsentiert.

13. Was bedeutet «Random»?

Zufallsauswahl (der Stichprobe)

14. Erklären Sie kurz folgende Studien: Panel, Ad-hoc, Omnibus, Delphi.

Panel: Die gleichen Personen werden über eine längere Zeit hinweg in regelmässigen, immer

gleichen Zeitabständen mit gleichen Fragen und gleicher Methode befragt (z. B. Detailhandelspanel,

Konsumentenpanel).

Ad-hoc: Multiclient-Studie, mehrere Auftraggeber einer Branche teilen sich eine Studie.

Omnibus: Multiclient-Studie, Mehrthemen-Befragung, mehrere verschiedene Auftraggeber liefern

geschlossene Fragen, die das Marktforschungsinstitut zu einer gemeinsamen Umfrage bündelt.

Delphi: mehrstufige Experten-Befragung (z. B. Professoren, Forscher, Spezialisten)

15. Was ist eine «SWOT»-Analyse?

Unternehmensinterne Stärken (Strenghts) und Schwächen (Weaknesses) im Vergleich zum

wichtigsten Mitbewerber sowie externe Chancen (Opportunities) und Gefahren (Threats) werden

ermittelt, um eine Ausgangslage für eine Marktforschung, ein Marketingkonzept usw. zu erhalten.

16. Was sind Pre-, was Posttests?

Pretest: Ein Produkt (oder auch eine Promotion) wird **vor** der Markteinführung getestet.

Posttest: Ein Produkt oder eine Promotion wird **nach** der Markteinführung bzw. der Kampagne

getestet (Konsumverhalten, Werbeerfolgskontrolle).

17. Was ist der Unterschied zwischen gestütztem und ungestütztem Bekanntheitsgrad?

Gestützt: Der Proband markiert z. B. in einer vorgegebenen Auswahl von Marken jene, die er kennt.

Ungestützt: Der Proband nennt die ihm bekannten Marken aus seiner Erinnerung, ohne vorgegebene

Auswahl.

Lösungen zu Kapitel Marketingziele

1. Was ist der Unterschied zwischen strategischen, operativen und taktischen Marketingzielen?

Die Frist der Zielerreichung: strategisch bedeutet lang-, operativ mittel- und taktisch kurzfristig,

d. h. 3–5, 2–3, 0–1 Jahr(e)

2. Was muss ein Ziel beinhalten, um mess- und überprüfbar zu sein?

SMART, d. h. klar definierter Inhalt (z. B. Bekanntheitsgrad der Marke XY), erreichbares Ausmass

(z. B. ungestützt 30 %), Termin (z. B. bis 31.10.2016), Ort (z. B. Kundensegment Z im Marktgebiet

Graubünden), evtl. Verantwortung (z. B. Simone Beer).

Lösungen zu Kapitel Die Marketingstrategie

1. Wie lauten die Normstrategien nach Ansoff?

   Marktpenetration, Produktentwicklung, Marktentwicklung, Diversifikation

2. Welche Formen der Diversifikation lassen sich unterscheiden?

   Horizontal, vertikal, lateral

3. Welches grundlegende Ziel verfolgt ein Unternehmen, das eine Strategie nach Ansoff verfolgt?

   Wachstum

4. Was sind strategische Geschäftsfelder (SGF)?

   Grobsegmentierung des angepeilten Marktes, d. h., dieser wird in Felder unterteilt, z. B. nach Ländern

   oder Regionen, die dann gezielt bedient werden können.

5. Was sind strategische Geschäftseinheiten (SGE)?

   Organisatorische Einheiten des Unternehmens (z. B. Bereiche, Sparten oder Divisionen), die für die

   einzelnen SGF zuständig sind.

6. Was beinhaltet die Feinsegmentierung?

   Unterteilung der SGF in Segmente (homogene Kundengruppen) und Teilmärkte (homogene

   Produktgruppen)

7. Was bedeutet Differenzierung?

   Anders sein als die Mitbewerber, sich bewusst und geplant von ihnen unterscheiden

8. Was heisst Positionierung?

   Stellung, die man als Unternehmen im Markt (aus Sicht der Konsumenten!) einnehmen möchte.

   Positionierung gegenüber den Mitbewerbern.

9. Wie lauten die Normstrategien nach Ansoff?

   Marktpenetration, Produktentwicklung, Marktentwicklung, Diversifikation

10. Beschreiben Sie drei Wettbewerbsstrategien (z. B. nach Kühn).

Profilierungsstrategie: Das Produkt soll sich durch USP und/oder UAP klar von den Mitbewerber-

Produkten abheben.

Nachahmer-Strategie (auch: Me-too, Follower): Man kopiert ein Markenprodukt und dessen

Marketingmix und bietet sein Produkt günstiger an.

Aggressive Preisstrategie: Man positioniert sich als Tiefstpreisanbieter. Dies setzt voraus, dass

man selbst sehr tiefe variable und/oder fixe Kosten hat.

Lösungen zu Kapitel Marketinginstrumente & Marketingmix

1. Beschreiben Sie kurz die vier klassischen Marketinginstrumente.

Produktpolitik: Produkt, Marke, Sortiment, Verpackung, Serviceleistungen

Preispolitik: Preisbestimmung, Preisdifferenzierung, Rabattsystem, Konditionen, Finanzierung

Distributionspolitik: Absatzwege, Absatzkanäle, Distributionsdifferenzierung, Distributionspartner

Kommunikationspolitik: Verkauf, Werbung, Verkaufsförderung, Public Relations usw.

2. Was bedeutet «Marketingmix»?

Der geplante und koordinierte Einsatz der vier Marketinginstrumente und ihrer Subinstrumente

(Auswahl der Instrumente, Gewichtung, Push-Pull-Relation, zeitliche/örtliche Abstimmung)

3. Was ist die «Push-Pull-Relation»?

Verhältnis zwischen Push- und Pull-Massnahmen. Push heisst, das Produkt (über den Handel) in den

Markt zu drücken. Pull heisst, einen Nachfragesog zu provozieren. Eine Push-Pull-Relation von

80/20 würde heissen, dass man 80 % des Marketingbudgets in Push- und 20 % in Pull-Massnahmen

investiert.

Lösungen zu Kapitel Produkt- & Programmpolitik

1. Zählen Sie die Subinstrumente der Produktpolitik auf.

   Sortiments-, Marken-, Verpackungs-, Servicepolitik

2. Was bedeuten die Begriffe «Produktpersistenz», «Produktmodifikation», «Produktinnovation» und «Produktelimination»?

   Produktpersistenz: bestehendes Programm wird beibehalten

   Produktmodifikation: Produkt wird angepasst (z. B. an veränderte Kundenbedürfnisse)

   Produktinnovation: neue Produkte werden ins Programm aufgenommen

   Produktelimination: Produkte werden aus dem Programm entfernt

3. Aus welchen Phasen besteht der Produktlebenszyklus?

   Entwicklung, Einführung, Wachstum, Reife, Sättigung, Rückgang, Degeneration

4. Wie verläuft die Gewinnkurve im Produktlebenszyklus?

   Einführung: Verlust; Wachstum: Gewinn wächst mit; Reife/Sättigung: Gewinn stagniert oder sinkt

   leicht; Rückgang: Gewinn sinkt; Degeneration: Verlust

5. Wie lässt sich der Produktlebenszyklus mit der Produktportfolio-Analyse (BGC-Matrix) verbinden?

   Einführung: Babies bzw. Question Marks; Wachstum: (rising) Stars; Reife/Sättigung: Cash Cows;

   Rückgang/Degeneration: (poor) Dogs

6. In welcher Phase des Produktlebenszyklus sind die Marketingkosten am höchsten, in welcher am tiefsten?

   Am höchsten: Einführung und evtl. Wachstum

   Am tiefsten: Rückgang/Degeneration

7. Was ist ein Revival, was ein Relaunch und wann sind diese Massnahmen angebracht?

   Beides dient der Belebung eines stagnierenden Produkts in der Sättigungsphase. Ziel ist, diese Phase

   zeitlich zu verlängern, um länger von der Cash Cow zu profitieren und die Rückgangsphase

   hinauszuzögern.

   Revival: Belebung eines stagnierenden Produkts (Sättigungsphase) durch Werbemassnahmen

   Relaunch: Belebung eines stagnierenden Produkts, Produktmodifikation

8. Welche Grössen (x- und y-Achse) stellt die BCG-Matrix einander gegenüber?

Relativer Marktanteil und Marktwachstum

9. Was lässt sich aus der BCG-Matrix herauslesen?

Zusammensetzung und Potenzial des Sortiments bzw. der analysierten Produkte, Stand der

einzelnen Produkte bezüglich relativem Marktanteil und Marktwachstum

10. Was heisst «relativer» Marktanteil?

Eigener Marktanteil im Vergleich zum Marktanteil des stärksten Mitbewerbers

11. Welches sind die Merkmale einer «Cash Cow»?

Produkt in der Reife-/Sättigungsphase, verursacht wenig Kosten und bringt viel Umsatz,

Wachstumspotenzial ist weitgehend ausgeschöpft.

12. Welches sind die Merkmale einer «Question Mark»?

Produkt in der frühen Wachstumsphase (meistens Nachwuchsleistungen), verursacht viel Kosten

und bringt wenig Umsatz, hat grosses Wachstumspotenzial, die weitere Entwicklung ist jedoch

noch offen.

13. Was ist ein «Me-too-Produkt»?

Ein (meist preisgünstiges) Nachahmerprodukt, das auf dem Markt erscheint und z. B. Question

Marks und Cash Cows bedroht.

14. Welche Aufgaben/Funktionen hat das Sortiment?

Attraktivität, Rentabilität, Dynamisierung, Profilierung

15. Erklären Sie kurz die Sortimentsgrössen.

Breite: Anzahl Produktlinien/Warengruppen/Categories (z. B. Shampoos, Bodylotions, Zahnpasten usw.)

Länge: Anzahl Produkttypen innerhalb der Produktlinie (z. B. bei Zahnpasta: verschiedene Marken wie Colgate, Meridol, Odol, Dentagard usw.)

Tiefe: Anzahl Varianten (Qualität, Grösse, Farbe, Geschmack usw.) innerhalb des Produkttyps (z. B. bei Zahnpasta: Colgate für Kinder, Colgate für empfindliche Zahnhälse, Colgate für dritte Zähne, Colgate in Reiseverpackung usw.)

Geschlossenheit: Abrundung des Sortiments. Je enger der Bezug der Produktlinien untereinander, umso geschlossener.

16. Was sind Kern-, Rand- und Zusatzsortimente?

Kernsortiment: Standardsortiment, Kerngeschäft, bringt am meisten Umsatz, wird ständig geführt.

Randsortiment: bringt wenig Umsatz, wird aber ständig geführt und ergänzt das Kerngeschäft; wird z. B. von bestimmten Kunden, die man nicht verlieren möchte, nachgefragt und/oder dient der Differenzierung von Mitbewerbern.

Zusatzsortiment: ausserhalb des Kerngeschäfts, wird regelmässig oder ausserordentlich angeboten (z. B. Gartenmöbel-Aktion bei Denner).

17. Welches sind die Aufgaben der Verpackung?

Produktschutz, Umweltschonung/Recycling/Sparsamkeit, Identifikation/Erkennung, Display/Verkauf, Verkaufsförderung/Werbung, Differenzierung, Information, Erziehung, Deklaration

18. Welche Arten von Marken gibt es?

Herstellermarke/Markenartikel, Handelsmarke, Dachmarke, Einzelmarke, weisse Marke

19. Welche Funktionen kommen der Marke zu?

Identifikation, (Wieder-)Erkennung, Image, Profilierung, Differenzierung

20. Was versteht man unter «Branding»?

Markenführung, Markenstrategie (Aufbau, Pflege und Weiterentwicklung starker Marken)

3

Lösungen

21. Warum ist es wichtig, neben dem eigentlichen Produkt auch Serviceleistungen zu bieten?

Profilierung/USP, Differenzierung gegenüber Mitbewerb, Ansprüche/Erwartungen des Kunden

erfüllen

22. Wann/zu welchem Zeitpunkt können dem Kunden welche Serviceleistungen angeboten werden?

Vor dem Kauf: z. B. Information, Beratung

Während des Kaufs: z. B. Lieferung, Montage

Nach dem Kauf: z. B. Wartung, Reparatur, Garantie

Lösungen zu Kapitel Preispolitik

1. Was beinhaltet die Preispolitik?

Preisfindung, -festlegung, -differenzierung, Rabattsystem, Konditionen, Finanzierung

2. Zählen Sie sechs Faktoren auf, die die Preisfestlegung beeinflussen.

Selbstkosten des Produkts, Nutzenerwartung des Kunden, Kaufkraft des Kunden, Preiselastizität

der Nachfrage, Marktkonstellation, Mitbewerb

3. Was heisst «Preiselastizität»?

Einfluss des Preises auf die Nachfrage: Bei elastischen Produkten reagiert die Nachfrage auf

Preisveränderungen (steigt der Preis, so sinkt die Nachfrage und umgekehrt). Bei unelastischen

Produkten bleibt die Nachfrage bei Preissenkungen wie auch -erhöhungen praktisch gleich.

4. Welche Arten von Produkten sind preiselastisch bzw. preisunelastisch?

Unelastisch: Güter des täglichen Bedarfs (Brot, Zucker, Milch, Kartoffeln)

Elastisch: Luxusgüter (Ferien, Autos, Smartphones, Mode)

5. Erklären Sie kurz vier Arten der Preisdifferenzierung.

Räumlich: nach geografischen Märkten, z. B. In-/Ausland, Stadt/Land

Zeitlich: Sommer-/Winter-, Tag-/Nachttarife

Nach Auftragsgrösse: Familienpackungen, Flottenrabatte

Nach Kundengruppen: z. B. Studentenpreise, Angebote für Senioren

Nach Verwendungszweck: Streusalz/Speisesalz

Nach Absatzwegen/-kanälen: Fabrikverkauf, Grosshandelspreise

6. Welches sind die wichtigsten Rabattarten?

– Mengenrabatte

– Funktionsrabatte (für Händler, da diese Funktionen wie z. B. Lagerung, Konfektionierung usw.

   übernehmen)

– Zeitrabatte (z. B. Frühbucher- oder Last-Minute-Angebote)

– Sonderrabatte (z. B. Jubiläums-, Treue-, Einführungsrabatte)

7. Erklären Sie die folgenden Begriffe: Lieferantenkredit, Factoring, Leasing.

Alle drei sind Finanzierungsmöglichkeiten:

Lieferantenkredit: Der Lieferant gewährt dem Abnehmer eine verlängerte Zahlungsfrist (z. B. 90 Tage).

Factoring: Der Factor nimmt dem Lieferanten die Forderung (offene Kundenrechnung) inkl. Inkasso ab

und bezahlt sogleich ca. 60 %–80 % des offenen Betrags (Bevorschussung). Für seine Leistung erhält

der Factor eine Kommission.

Leasing ist eine Art Miete: Der Hersteller überlässt dem Leasingnehmer leihweise ein Produkt

(z. B. ein Kopiergerät, ein Auto usw.) gegen Entgelt. Die Finanzierung kann direkt oder über ein

Leasinginstitut bzw. eine Bank erfolgen. Eigentümer des Produkts bleibt der Leasinggeber

(Hersteller oder Bank).

Lösungen zu Kapitel Promotion

1. Was bedeuten die Begriffe Corporate Identity, Corporate Design und Corporate Communications?

   Corporate Identity: Identität/Selbstverständnis des Unternehmens, wird im Leitbild beschrieben

   Corporate Design: einheitlicher kommunikativer Auftritt des Unternehmens (Logo, Schrift, Farben,

   Töne usw. immer gleich)

   Corporate Communications: Unternehmenskommunikation. Sie umfasst die interne und externe

   Public Relations sowie die gesamte Marketingkommunikation.

2. Nach welchen übergeordneten Vorgaben hat sich ein Promotionskonzept zu richten?

   Unternehmensleitbild, Unternehmenskonzept, Corporate Communications, Marketingkonzept

3. Zählen Sie sechs Subinstrumente der Promotion auf.

   Persönlicher Verkauf, Werbung, Verkaufsförderung, Public Relations, Sponsoring, Direktmarketing,

   Online-Marketing, Social-Media-Marketing, Product-Placement, Testimonials, Affiliate-Marketing

4. Aus welchen Elementen besteht ein Promotionskonzept?

   Situationsanalyse – Zieldefinition – Grundstrategie – Subkonzepte – Realisation – Kontrolle

5. Welchen Stellenwert geniesst die Promotion innerhalb des Marketingmix?

   Im Konsumgüter- und Dienstleistungsmarketing ist sie oft das wichtigste Instrument, da sich die

   eigenen Produkte praktisch nur durch UAP von den Mitbewerberprodukten unterscheiden lassen.

   Bei Investitionsgütern liegt das Schwergewicht oft auf dem persönlichen Verkauf sowie auf den

   Instrumenten Product (Entwicklungen, Innovationen, Einzelanfertigungen) und Price (Kalkulationen

   für Projekte und Einzelanfertigungen).

6. Was ist der Unterschied zwischen Verkaufsförderung und Werbung?

   VF wirkt kurzfristig/taktisch, Werbung mittel- bis langfristig. VF richtet sich neben Konsumenten und

   Beeinflussern auch an den Handel und die eigene Verkaufsorganisation, Werbung konzentriert sich in

   der Regel auf die Konsumenten und deren Beeinflusser. VF zielt auf unmittelbaren Absatz/Abverkauf,

   Werbung arbeitet kontinuierlich an Zielen im Bereich Wissen, Bekanntheit, Einstellung usw.

7. Was ist integrierte Kommunikation?

Zeitliche, formale und inhaltliche Koordination/Abstimmung aller Kommunikationsinstrumente

und -massnahmen, intern wie extern, in der Marketing- wie auch in der Unternehmens-

kommunikation

8. Zählen Sie vier Mediengattungen auf.

Print, Radio, Fernsehen, Internet

Lösungen zu Kapitel Werbung

1. Welche Ziele verfolgt die Werbung?

Bekanntheit, Wissen, Einstellung, Verhalten, Motivation

2. Was beinhaltet die Werbeplattform?

Werbezielgruppe, Copyplattform und Mediaplattform. Oder ausführlicher: die 7 W, d. h. Botschaft,

Tonalität/Gestaltung, Zielgruppe, Zeitraum, Ort, Werbeträger/-mittel, Budget

3. Was ist der Reason-why?

Begründung der Werbebotschaft

4. Was bedeuten Consumer Benefit und Product Benefit?

Kundennutzen und Produktnutzen

5. Was beinhaltet die Mediaplattform?

Werbemittel/-träger, zeitlicher Einsatz, Budget. Oder ausführlicher: Mediazielgruppe, Mediaziele,

Mediastrategie (Inter- und Intramediavergleich), Mediaplanung, Media-Einsatzplanung, Budget.

6. Was ist ein Inter-, was ein Intramediavergleich?

Intermediavergleich: Man vergleicht verschiedene Mediengattungen (TV, Radio, Zeitung, Internet)

miteinander, z. B. hinsichtlich Affinität, Verfügbarkeit, Reichweite.

Intramediavergleich: Man vergleicht innerhalb einer Mediengattung verschiedene Titel miteinander,

z. B. Zeitungen (Tages-Anzeiger, NZZ, Der Landbote, Südostschweiz).

7. Was ist der Unterschied zwischen einem Werbeträger und einem Werbemittel?

Der Werbeträger (z. B. Zeitung, Fernsehen, Plakatsäule) «transportiert» das Werbemittel

(z. B. Inserat, TV-Spot, Plakat), d. h., er übermittelt die Werbebotschaft.

Lösungen zu Kapitel Verkaufsförderung

1. Beschreiben Sie kurz die drei Aktionsebenen der Verkaufsförderung.

Salesforce Promotion: Die VF schafft Anreize im eigenen Unternehmen, z. B. beim Aussendienst,

Innendienst, Key Account Management.

Trade Promotion: Die VF schafft Anreize für die Absatzmittler und deren Beeinflusser.

Consumer Promotion: Die VF schafft Anreize für die Konsumenten und deren Beeinflusser.

2. Nennen Sie je drei Beispiele für Verkaufsförderungsmassnahmen auf jeder Aktionsebene.

Salesforce: Schulungen, Wettbewerbe, Muster, Auszeichnungen, Prämien

Trade: Produktinformationen, Rückvergütungen, Displays, Werksbesichtigungen,

Händlerwettbewerbe

Consumer: Muster, Price-off, Kombipack/On-Pack/In-Pack/Duo-Pack/Multi-Pack, Bons/Coupons/

Gutscheine/Rabattmarken, Ausstellungen

3. Aus welchen Elementen besteht ein Verkaufsförderungskonzept?

Situationsanalyse – Zieldefinition – Strategieformulierung – Umsetzung inkl. Budget – Kontrolle

4. Welche Ziele verfolgt die Verkaufsförderung?

Ökonomische/quantitative Ziele: Umsatz, Absatz usw.

Vorökonomische/qualitative Ziele: Wissen, Motivation, Image usw.

Verhaltens-, Wissens- und Einstellungsziele: Impulskäufe, Produktkenntnisse, Interesse

5. Was ist der Unterschied zwischen Umsatz und Absatz?

Der Absatz ist die Anzahl verkaufter Stück (z. B. 1 Mio. Taschenbücher). Der Umsatz ist der dabei

eingenommene Geldbetrag (1 Mio. Taschenbücher zu CHF 15.00 = CHF 15 Mio. Umsatz).

6. Nennen Sie die vier Grundstrategien der Verkaufsförderung (nach Bruhn).

   Imageprofilierung, Aktualisierung/Information, Zielgruppenerschliessung, Kaufstimulierung.

7. Wie lässt sich der Erfolg von Verkaufsförderungsmassnahmen prüfen?

   Befragungen (Kunden, Aussendienst, Händler usw.), Beobachtungen, Mystery Shopping,

   Storecheck, Umsatz/Absatz/Marktanteil/Deckungsbeitrag messen bzw. berechnen usw.

Lösungen zu Kapitel Verkauf

1. Nennen Sie sechs Aufgaben des persönlichen Verkaufs.

   Akquisition, Beratung, Absatz/Umsatz/Deckungsbeitrag erwirtschaften, Kundendienst,

   Reklamationsbehandlung, Key Account Management

2. Beschreiben Sie kurz die drei Verkaufsformen.

   Eigener Verkauf: unternehmenseigene Verkaufsorganisation, z. B. Verkaufsaussen- und -innendienst,

   Filialnetz, Merchandising

   Fremder Verkauf: betriebsfremde Organe, z. B. Makler, Broker, Kommissionäre, Agenten,

   Handelsvertreter

   Sonderformen: Franchising, Versandhandel, Automaten, Handelsreisende, Strukturvertrieb

3. Was ist Platz-, was Feldverkauf?

   Platzverkauf: Der POS befindet sich beim Verkäufer, z. B. in einem Laden.

   Feldverkauf: Der POS befindet sich beim Kunden (zu Hause oder im Geschäft).

4. Was beinhaltet das Verkaufskonzept?

   Ausgangslage (Marketingkonzept) – Ziele – 6 Subvariable – Verkaufsplanung (primär und sekundär)

   – Kontrolle – Korrektur

5. Zählen Sie die sechs subvariablen Entscheide auf.

   Kundenselektion – Produktselektion – Kontaktquantität – Kontaktqualität – Kontaktperiodizität

   – Feldgrösse

6. Was sind A-, B-, C- und N-Kunden?

Kundenanalyse und Einteilung in verschiedene Kategorien: A-Kunden sind die wichtigsten/

umsatzsstärksten usw. N-Kunden sind potenzielle Neukunden.

7. Woraus besteht ein Kontaktplan?

Planung der Kundenkontakte, meistens pro Jahr, nach Kundengruppen (A, B, C), Anzahl Kunden

pro Gruppe, Akquisition, total Kontakte

8. Was ist ein Streuplan?

Ein Kontaktplan

9. Woraus besteht die Primär-, woraus die Sekundärplanung?

Primär: Umsatz-, Absatz-, Deckungsbeitragsplanung, Einsatzplanung (Kontakt-, Zeit-,

Tourenplanung)

Sekundär: Organisations-, Verkaufshilfen-, Personal- und Motivationsplanung

10. Was beinhaltet die Warenpräsentation?

Permanente Verkaufsförderung am POS durch Merchandising, es ist die Kunst der optimalen

Warenplatzierung, um Käuferströme zu kanalisieren und Produkte verkaufswirksam zu platzieren.

11. Nennen Sie je zwei Beispiele für eine Universal- und eine Fachmesse.

Universalmesse (Publikumsmesse): FESPO, OLMA, BEA, muba Basel

Fachmesse: CeBIT, Frankfurter Buchmesse, SWISSTECH

12. Was bedeutet CRM?

Customer Relationship Management, Kundenbeziehungspflege, meist EDV-gestützt

13. Zählen Sie fünf Verkaufshilfen auf.

Produktvideo, -fotos, Argumentarium, Preisliste, Katalog, Sales Folder, Broschüre, Muster

14. Die «Waschmaschinen AG» plant für 2016 einen Umsatz von CHF 10 Mio., davon je 60 % mit Haushaltmaschinen und 40 % mit Gastromaschinen. Der Einstandspreis beträgt pro Gastromaschine CHF 2500.00. Der Verkaufspreis an den Endkunden (z. B. Restaurants) beträgt pro Gastromaschine CHF 4900.00, die Installationskosten für den Endverbraucher belaufen sich auf ca. CHF 300.00 pro Maschine. Der Wiederverkaufsrabatt für den Handel beträgt 35 % vom Verkaufspreis. Die Gastromaschinen werden ausschliesslich über Händler vertrieben. Berechnen Sie für die Gastromaschinen, Jahr 2016, das Umsatzziel, das Absatzziel und der Deckungsbeitrag.

Umsatz 2016: Ziel total = CHF 10 000 000.00, davon 40 % auf Gastromaschinen = **CHF 4 000 000.00**

Absatz 2016: Endverkauf CHF 4900.00 – 35 % Rabatt (CHF 1715.00) = Nettoerlös CHF 3185.00.

Umsatz CHF 4 000 000.00 : CHF 3185.00 = **1256 Stück**

DB 2016: Nettoerlös CHF 3185.00 – Einstand CHF 2500.00 = DB pro Gastromaschine CHF 685.00.

CHF 685.00 × 1256 Stück = DB total Gastromaschinen **CHF 860 360.00.**

15. Wie viel beträgt der Marktanteil der «Waschmaschinen AG» bei den Gastromaschinen, wenn das Gesamtmarktvolumen bei 32 000 Maschinen pro Jahr liegt?

32 000 Maschinen/Jahr = 100 %, davon 1256 Maschinen «Waschmaschinen AG»:

1256 × 100 : 32 000 = **4 % Marktanteil**

Lösungen zu Kapitel Public Relations und Sponsoring

1. Was sind Public Relations?

   Öffentlichkeitsarbeit, Beziehungspflege zu allen relevanten internen und externen

   Anspruchsgruppen des Unternehmens

2. Welches sind die grundlegenden Ziele der Public Relations?

   Beachtung – Verständnis – Vertrauen – Respekt

3. In welche Aufgabenfelder lassen sich Public Relations gliedern?

   Internal Relations (interne PR) – Medienarbeit (Media Relations) – Standort-PR (Community

   Relations) – Public Affairs, Lobbying, Polit-PR – Financial Relations, Investor Relations –

   Krisen-PR – Product PR

4. Welche Arten von PR-Botschaften gibt es? Nennen Sie je ein Beispiel.

Sachinformationen: Jahresabschluss, Patentierung

Personalinformationen: Beförderung, Jubiläum

Absichtserklärungen: geplante Fusion, Strategiewechsel

Konkrete Stellungnahmen: Geschäftseröffnung, Krisen-PR

5. Welche ethischen Grundsätze liegen den Public Relations zugrunde?

Wahrheit, Klarheit, Sachlichkeit, Zeitgerechtigkeit, Vollständigkeit, Kontinuität

6. Was ist ein Briefing, was ein Rebriefing und was ein Debriefing?

Briefings sind kurze Einweisungen. Bei PR braucht es z. B. Briefings, wenn mit einer Agentur

zusammengearbeitet wird: eine erste Sitzung, an der die Agentur informiert und in den Auftrag

eingewiesen wird. Ein Rebriefing ist eine wiederholte Sitzung, wenn z. B. das Konzept ein zweites

Mal besprochen werden muss. Ein Debriefing findet nach Abschluss der PR-Kampagne zu

Auswertungszwecken statt.

Lösungen zu Kapitel Weitere Instrumente der Promotion

1. Was ist ein Event?

Ein Anlass, z. B. ein Tag der offenen Tür, eine Jubiläumsfeier, ein Ausflug usw.

2. Was bezweckt Dialogmarketing?

Dialogmarketing (auch: Direktmarketing) bezweckt Response, d. h. eine direkte Antwort vom

Empfänger, z. B. in Form einer Rücksendekarte, einer Antwort-E-Mail, einer Prospektbestellung usw.

3. Zählen Sie fünf Direktmarketing-Instrumente auf.

Adressiertes Mailing (per E-Mail oder per Post), Telefonmarketing, Newsletter, Coupon-Inserat, SMS,

Prospekt mit Bestelltalon, Gutschein, Flyer mit QR-Code, Spot mit Telefonnummer

4. Welche Social Media eignen sich für Geschäftskontakte? Nennen Sie vier gängige Social Media.

Xing, Linkedin, YouTube, Facebook, Instagram, Flickr, Twitter

5. Welche Werbemöglichkeiten bietet das Internet? Zählen Sie fünf Möglichkeiten auf.

Banner, E-Mailings, AdWords, Pop-ups, Video-Spots, Testimonials, Affiliate-Marketing

6. Welche Werbemöglichkeiten bietet das Fernsehen?

Spots, Publireportagen, Product-Placements

7. Was ist der Unterschied zwischen einem Testimonial und einem Opinion Leader?

Opinion Leader sind Meinungsführer, die der Konsument kennt und an denen er sich orientiert

(z. B. weil sie fachkompetenter oder erfahrener sind).

Testimonials sind (häufig populäre, öffentlich bekannte) Menschen, die (zumeist gegen Bezahlung)

eine konkrete Werbefunktion übernehmen.

8. Was ist eine Publireportage?

Eine Mischung zwischen PR und Werbung, z. B. ein Artikel oder eine Fernsehsendung,

die sowohl redaktionelle Inhalte wie auch Werbung enthält.

9. Was ist Search Engine Optimization?

Suchmaschinenoptimierung: Man trifft Massnahmen (z. B. Keywords, Verlinkungen, technologische

Erneuerungen), um in Suchmaschinen wie z. B. Google besser platziert zu werden.

10. Was ist Affiliate-Marketing?

Affiliates sind Vertriebspartner, die für andere Anbieter (Advertiser) Online-Werbung schalten.

Der Advertiser vergütet den Affiliates dafür eine Vermittlungsprovision.

Lösungen zu Kapitel Distribution

1. Womit befasst sich die strategische, womit die physische Distribution?

   Strategische: Absatzwege (Distributionsform), Absatzkanäle, Distributionsdifferenzierung

   Physische: Logistik

2. Welche Arten der Distributionsdifferenzierung gibt es?

   Intensiv: viele Verkaufsstellen/Händler, Produkt ist überall erhältlich

   Selektiv: ausgewählte Verkaufsstellen, die aufgrund ihres Images, ihrer Kompetenz usw. besonders

   nahe an unseren gewünschten Kunden sind

   Exklusiv: ausschliesslich eigener Vertrieb (direkt) oder über wenige ausgewählte Partner, denen

   Exklusivrechte gewährt werden (z. B. klar abgegrenzte Verkaufsgebiete)

3. Nennen Sie drei verschiedene Typen von Detailhändlern mit je einem Beispiel.

   Fachmarkt (MediaMarkt), Discounter (Denner), Warenhaus (Jelmoli), Spezialgeschäft (Leder Locher)

4. Erklären Sie kurz folgende Vertriebsformen: Franchising, Joint-Venture, Shop-in-Shop, Strukturvertrieb.

   Franchising: Der Franchisegeber stellt dem Franchisenehmer gegen eine Franchisegebühr ein

   vollständiges Geschäftskonzept zur Verfügung. Beispiel: McDonald's.

   Joint Venture: Zwei (wirtschaftlich und rechtlich voneinander unabhängige) Unternehmen

   gründen gemeinsam eine dritte Firma. Beispiel: Nokia Siemens Networks

   Shop-in-Shop: Body-Shop-Bereich im Coop City

   Strukturvertrieb: Schneeballsystem, z. B. Forever Living Products

5. Welche «Transporte» übernimmt die physische Distribution neben dem Warenfluss?

   Informationsfluss, Geldfluss, Personenfluss

6. Was bedeutet «numerische», was «gewichtete» Distribution?

   Es handelt sich um die Distributionskennzahlen. Wenn der LEISI Kuchenteig 40 % numerische

   Distribution ausweist, so ist er in 40 % der Läden, die Kuchenteig führen, zu finden. Wenn der LEISI

   Kuchenteig 25 % gewichtete Distribution ausweist, so erreichen die 40 % der Läden, die ihn führen,

   25 % des Gesamtumsatzes aller Läden, die Kuchenteig verkaufen.

7. Was ist der Distributionsfaktor?

Gewichtete Distribution : numerische Distribution.

Zahlen über 1 bedeuten, dass wir in umsatzstarken, Zahlen unter 1, dass wir in umsatzschwachen

Kanälen vertreten sind – LEISI wäre mit Distributionsfaktor 0.625 also in den schwächeren

Läden gelistet.

Lösungen zu Kapitel Realisierung und Marketingkontrolle

1. Nach welchen verschiedenen Arten kann budgetiert werden?

top-down oder bottom-up, grob oder detailliert

2. Erklären Sie die Bottom-up-Budgetiertung.

Das Marketingbudget wird «von unten nach oben» berechnet, d.h. jede einzelne Marketingmassnah

me wird kalkuliert, allen Massnahmen werden addiert und ergeben dann das Gesamtbudget.

3. Wie viel Reserve wird normalerweise in Budgets vorgesehen?

5-10% des Gesamtbudgets

4. Was wird in der Marketingkontrolle hauptsächlich überprüft?

die Erreichung der Marketingziele

5. Welche Kontrollbereiche lassen sich unterscheiden?

leistungswirtschaftliche Kontrollen wie z.B. der Marktanteil

finanzwirtschaftliche Kontrollen wie z.B. der Deckungsbeitrag

Kontrolle der sozialen Komponenten z.B. das Lohnsystem

6. Welche Elemente enthält ein Kontrollplan?

was (Objekt) – wie (Methode/Instrument)– wann (Termin) – wer (Verantwor-tung)

7. Was ist der Unterschied zwischen Marketingkontrolle und Marketing-Controlling?

   Die Marketingkontrolle bezieht sich auf die Überprüfung einzelner Marketing-pläne und -ziele,

   während das Marketing-Controlling einen kontinuierlichen Steuerungsprozess darstellt

   (IST – SOLL – Anpassung).

8. Welche Methoden kennt das Marketing-Controlling?

   Produktportfolio-Analyse, Break-even-Analyse, Gap-Analyse, Benchmarking

Notizen

Management

Theorie, Aufgaben & Lösungen

Aline Berger

Inhaltsverzeichnis

1 Kurztheorie — 280

2 Repetitionsfragen — 286

3 Lösungen — 314

Kurztheorie

1   Kurztheorie

Integrierte Managementmodelle wie z. B. das St. Galler Management-Modell zeigen sämtliche Gebiete und Zusammenhänge des Managements auf:

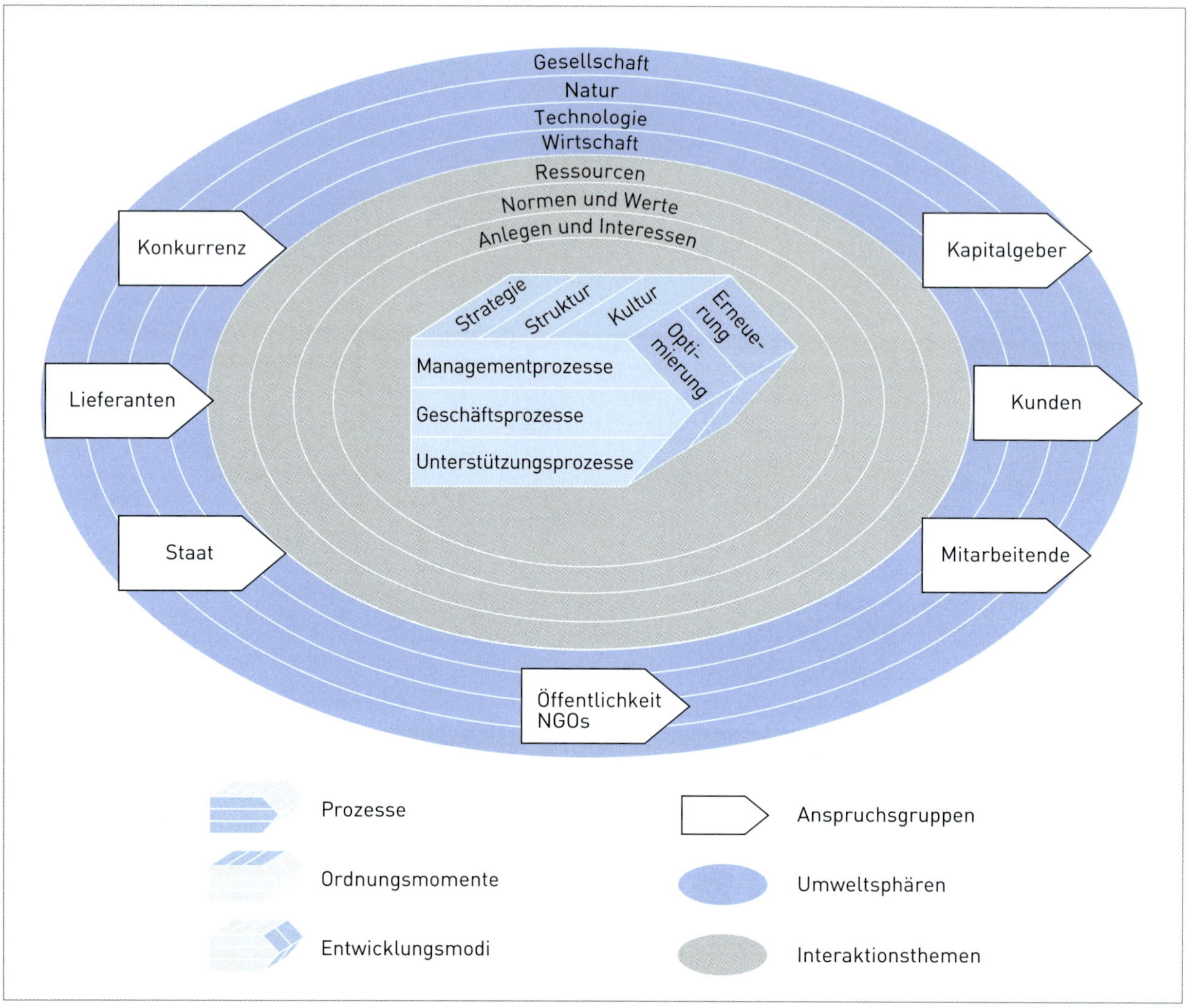

Gesellschaft
Natur
Technologie
Wirtschaft
Ressourcen
Normen und Werte
Anlegen und Interessen

Konkurrenz

Kapitalgeber

Strategie   Struktur   Kultur   Erneuerung   Optimierung

Managementprozesse

Lieferanten

Geschäftsprozesse

Kunden

Unterstützungsprozesse

Staat

Mitarbeitende

Öffentlichkeit
NGOs

Prozesse

Anspruchsgruppen

Ordnungsmomente

Umweltsphären

Entwicklungsmodi

Interaktionsthemen

Das neue St. Galler Management-Modell im Überblick nach Rüegg-Stürm 2002, S. 22

Unternehmensinterne Themen

Prozesse/ Wertschöpfungskette:	– **Managementprozesse:** Sie beinhalten die Steuerung und Qualitätssicherung des Unternehmens bzw. der Unternehmensbereiche mit den Managementaufgaben Planung, Entscheidung, Anordnung und Kontrolle. – **Geschäftsprozesse:** Sie beinhalten die Erstellung der Wertschöpfung, die Veredelung der Produkte. Dazu gehören Funktionen wie Forschung und Entwicklung, Beschaffung, Materialwirtschaft, Produktion, Marketing und Verkauf. – **Unterstützungsprozesse:** Funktionen wie Administration, Buchhaltung, Personalwesen und Informatik unterstützen die Geschäfts- und Managementprozesse mit ihrer Arbeit im «Backoffice».
Ordnungsmomente:	– **Strategie:** Erstellen von Businessplänen, Definition von Unternehmenszweck, -vision, -mission, -leitbild und -politik, Festlegen von Kernkompetenzen und strategischen Erfolgspositionen, Wahl der Rechtsform, Definition der Leistung, Festlegen der strategischen Geschäftsfelder, der Unternehmensziele und der Unternehmensstrategie, Wahl des Unternehmensstandorts, Prüfen von und Entscheiden über Unternehmensverbindungen und Kooperationen, Definition des Risiko- und Umweltmanagementsystems, Sicherstellen der Effektivität, Controlling – **Struktur:** Aufbau strategischer Geschäftseinheiten, Gestaltung der Aufbauorganisation, Prozessmanagement, technische Aspekte der Führung (z.B. MbO), Optimieren der Effizienz, Lean Management – **Kultur:** Definition von Werten und Normen, Unternehmensethik, menschliche Aspekte der Führung (z.B. Motivation)
Entwicklungsmodi:	– **Innovation:** Forschung und (Produkt-)Entwicklung, Wissensmanagement, Technologiemanagement – **Optimierung:** KVP, TQM, EFQM
Instrumente/ Arbeitstechniken:	Zur Erfüllung der obigen Aufgaben verwendet das Management verschiedene Instrumente und Hilfsmittel: – **Analyseinstrumente:** SWOT, Produktlebenszyklus, Portfolio, ABC, Benchmarking, Fünf-Kräfte-Modell – **Kreativitätstechniken:** Brainstorming, Brainwriting, morphologischer Kasten, 635-Methode, laterales Denken, Mindmapping – **Problemlösungstechnik:** Problemlösungsprozess, Managementprozess – **Entscheidungstechniken:** Nutzwertanalyse – **Strategiemodelle:** Wachstumsstrategien (Ansoff-Matrix), Wettbewerbsstrategien (Kühn und Porter) – **Umsetzungstechniken:** Projektmanagement – **Kontroll- und Controllinginstrumente:** Soll-Ist-Vergleiche, Gap-Analyse, ABC-Analyse, Kennzahlen wie Produktivität, Wirtschaftlichkeit, Rentabilität, Finanzkennzahlen, Balanced Scorecard, Cockpit-Systeme, Projektkostenrechnung

Kurztheorie

Einflussfaktoren aus der Unternehmensumwelt

Umweltsphären:	wirtschaftliche, technologische, ökologische und gesellschaftliche (inkl. mediale, rechtliche, politische) Rahmenbedingungen, Vorgaben, Entwicklungen und Trends, die das Unternehmen beeinflussen
Anspruchsgruppen:	– **interne:** Eigentümer, Kapitalgeber, Management, Mitarbeiter – **externe:** Kunden, Lieferanten, Mitbewerber, Fremdkapitalgeber, Staat/Behörden, Öffentlichkeit/NGOs

Interaktionsthemen
(Austauschbeziehungen zwischen dem Unternehmen und seiner Umwelt)

Anliegen und Interessen:	– **Stakeholder Value, Shareholder Value** – **Kooperationen** – **Verfolgung gemeinsamer Ziele**
Normen und Werte:	– **Gesetze und Regelungen** – **Wertvorstellungen und Moralverhalten**
Ressourcen:	– **Austausch von Produktionsfaktoren, Gütern und Leistungen:** Kapital, Know-how, Arbeit, natürliche Ressourcen, Konsum- und Investitionsgüter, Dienstleistungen

Notizen

Kurztheorie

1

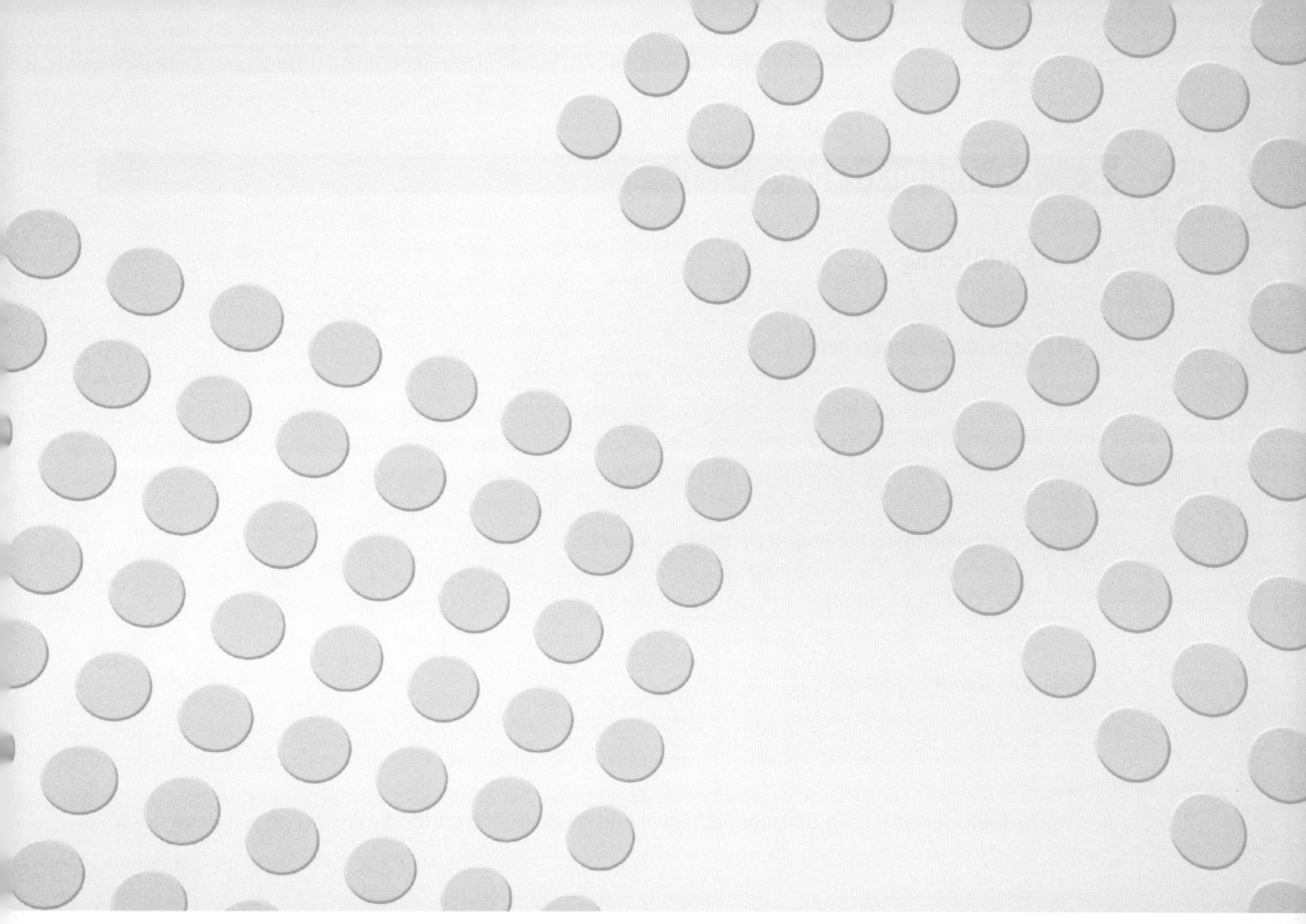

Repetitionsfragen

Kapitel 2

2 Repetitionsfragen

2.1 Einführung

1. Was bedeutet «Management»?

2. Welche Unternehmen benötigen ein Management?

3. Was heisst «wirtschaften»?

4. Welche Bedürfnisse lassen sich unterscheiden und weshalb sind sie für die Wirtschaft von Bedeutung?

5. Welche Arten von Wirtschaftsgütern lassen sich unterscheiden?

6. Was sind Substitutions-, Komplementär-, regenerierbare und immaterielle Güter? Nennen Sie je ein Beispiel.

7. Welche Bedeutung hat die Güterlehre fürs Management?

8. Was ist der Unterschied zwischen Management und Betriebswirtschaft?

9. Was ist der Unterschied zwischen Volks- und Betriebswirtschaft?

10. Was bedeutet Makro-, was Mikroökonomie?

2.2 Grundlagen der Betriebswirtschaft

1. Was bedeutet «Firma» im engeren, was im weiteren Sinn?

2. Was ist eine Institution?

3. Nach welchen Kriterien lassen sich Unternehmen klassifizieren?

2

4. Was sind NPOs, was NGOs? Geben Sie je ein Beispiel.

5. Nach welchen Kriterien lässt sich die Grösse eines Unternehmens messen?

6. Was heisst KMU?

7. Wie viele Schweizer Unternehmen sind KMU und wie viele Beschäftigte arbeiten in Schweizer KMU?

8. Ist ein Betrieb, der mit 49 Mitarbeitenden 55 Mio. Euro Umsatz erwirtschaftet, ein kleiner oder ein mittlerer Betrieb?

9. Was ist ein Mikrounternehmen?

10. Wann ist ein Unternehmen lokal, wann regional tätig?

11. Was ist der Unterschied zwischen einem international und einem multinational tätigen Unternehmen?

12. Was sind «gemischtwirtschaftliche Unternehmen»?

13. Nennen Sie drei Beispiele für öffentlich-rechtliche Organisationen.

14. Was sind «staatsnahe» Betriebe? Nennen Sie ein Beispiel.

15. Ist ein Unternehmen namens GUT AG ein privatwirtschaftliches, öffentlich-rechtliches oder gemischtwirtschaftliches Unternehmen? Ist es eine NPO oder eine NGO?

16. Wann kann ein Unternehmen als personalintensiv bezeichnet werden, wann als energieintensiv?

17. Welche Fertigungstypen und -verfahren gibt es?

18. Was ist eine Rechtsgemeinschaft?

19. Welche Rechtsformen sind in der Schweiz von Bedeutung?

20. Was ist ein Kommanditär, was ein Komplementär?

21. Wie viele Gründer braucht es für eine Aktiengesellschaft, eine GmbH, eine Kommanditgesellschaft, einen Verein, eine Genossenschaft, eine Kollektivgesellschaft, eine einfache Gesellschaft und ein Einzelunternehmen?

22. Wie viel Kapital ist erforderlich für die Gründung einer Aktiengesellschaft, einer GmbH, einer Kommanditgesellschaft, eines Vereins, einer Genossenschaft, einer Kollektivgesellschaft, einer einfachen Gesellschaft und eines Einzelunternehmens?

23. Für welche Gesellschaften ist der Handelsregistereintrag obligatorisch?

_____

_____

_____

24. Was ist bei der Firmierung einer Aktiengesellschaft, einer GmbH, einer Kommanditgesellschaft, eines Vereins, einer Genossenschaft, einer Kollektivgesellschaft, einer einfachen Gesellschaft und eines Einzelunternehmens zu beachten?

_____

_____

_____

_____

_____

25. Was bedeutet «ein nach kaufmännischer Art geführtes Gewerbe»?

_____

_____

_____

_____

26. Wofür steht GmbH?

_____

27. Welche Organe benötigen ein Einzelunternehmen, eine Kollektivgesellschaft, eine GmbH und eine Aktiengesellschaft?

_____

_____

_____

_____

_____

28. Wie ist die Haftung geregelt bei Einzelunternehmen, Kollektivgesellschaften, GmbH, Aktiengesellschaften, Vereinen und Genossenschaften?

29. Was ist ein «Eigentümer-Unternehmen2 und welche Rechtsform hat es?

30. Worauf fokussiert ein Unternehmen, das den Shareholder Value verfolgt?

31. Was bedeutet ein «dynamisches Umfeld»?

2.3 Grundlagen des Managements

1. Was bedeutet die Aussage: «Das Unternehmen ist ein soziales System»?

2. Was ist ein Prozess, was eine Funktion? Nennen Sie je ein Beispiel.

3. Skizzieren Sie die Wertschöpfungskette Ihres Unternehmens bzw. eines Bereichs in Ihrem Unternehmen.

4. Was bedeutet «Wertschöpfung» im Sinne der Betriebswirtschaft?

5. Welches sind relevante Geschäftsprozesse einer kleinen Schreinerei?

    _____

6. Was ist der Unterschied zwischen Effektivität und Effizienz? Erklären Sie anhand eines Beispiels.

    _____

    _____

    _____

    _____

7. Wie kann man Effizienz messen?

    _____

8. Wie kann man Effektivität messen?

    _____

    _____

9. Bedeutet der Aufbau eines neuen Absatzmarkts mehr Effizienz oder mehr Effektivität?

    _____

10. Bedeutet der Abbau von Doppelspurigkeiten mehr Effizienz oder mehr Effektivität?

    _____

11. Welche der folgenden Gegebenheiten gefährden die Effizienz, welche die Effektivität? Veralteter Maschinenpark, Fluktuation, dirigistischer Führungsstil, fehlender Businessplan.

    _____

    _____

12. Was bedeutet Produktivität? Nennen Sie ein Beispiel.

13. Beschreiben Sie ein Beispiel für Wirtschaftlichkeit.

14. Wie können Aktionäre von einer erhöhten Rentabilität profitieren?

15. Was bedeutet Legitimation für ein Unternehmen?

16. Was ist «normatives Management»?

17. Was beinhaltet die Unternehmensethik?

18. Beschreiben Sie ein konkretes Beispiel von angewandter Unternehmensethik.

19. Woran erkennen Sie die Kultur eines Unternehmens? Zählen Sie zehn Elemente auf.

20. Was ist der Unterschied zwischen strategischem und operativem Management?

21. Zeigen Sie den Problemlösungsprozess auf.

22. Mit welcher Methode gelangt man auf systematischem Weg zu Entscheiden?

23. Zählen Sie drei Kreativitätstechniken auf.

24. Wofür benötigt ein Unternehmen Kreativitätstechniken?

2.4 Strategisches Management

1. Wofür ist das strategische Management zuständig?

2. Aus welchen Schritten besteht der Prozess des strategischen Managements?

3. Aus welchen Elementen besteht die Unternehmenspolitik?

4. Was ist eine Unternehmensvision, was eine -mission?

5. Wie sollen Visionen und Missionen formuliert werden?

6. Formulieren Sie je ein Beispiel für eine Vision und eine Mission.

7. Was bezweckt ein Leitbild?

8. Was beinhaltet ein Leitbild?

9. Wie soll ein Leitbild gegliedert und formuliert werden?

10. Welche Bedeutung kommt dem Unternehmensstandort zu?

11. Welche Arten von Standortfaktoren sind zu berücksichtigen? Nennen Sie je zwei Beispiele.

12. Wie gelangt man systematisch zu einem sinnvollen Standortentscheid?

13. Welche Instrumente eignen sich für eine Situationsanalyse? Zählen Sie fünf Instrumente auf.

14. Was beinhaltet die SWOT-Analyse?

15. SWOT ist die Abkürzung wofür?

16. Welche Kombinationen lässt die SWOT-Analyse zu?

17. Welche der folgenden Nennungen sind für einen Sensoren-Produzenten Stärken, welche Chancen? Qualifizierte Mitarbeiter, hoher Bekanntheitsgrad, zunehmender Einsatz von Sensoren in der Autoindustrie, intensive Forschung in der Sensortechnik an Hochschulen, leistungsfähige und flexible Produktion, hohe Lieferbereitschaft.

18. Wie kann ein Unternehmen reagieren, wenn Schwächen auf Gefahren stossen?

19. Wofür lässt sich die ABC-Analyse verwenden?

20. Welche Phasen kennt die Lebenszyklus-Analyse?

21. Was ist ein Unternehmenslebenszyklus?

22. Welche unternehmerischen Entscheide erleichtert eine Portfolio-Analyse?

23. Wie ist der «relative Marktanteil» definiert?

24. Was lässt sich bezüglich Marktwachstum und relativem Marktanteil zu den Produktgruppen in der Portfolio-Matrix aussagen?

25. Was sind «Babies» im Zusammenhang mit der Portfolio-Analyse?

26. Wie wird die Portfolio-Analyse auch noch genannt?

27. Wie lassen sich die Lebenszyklus- und die Portfolio-Analyse verbinden?

28. Was ist Benchmarking?

29. Was nützt ein Benchmarking einem Unternehmen?

30. Welche Elemente beinhaltet das Fünf-Kräfte-Modell nach Porter?

31. Welches ist die Haupterkenntnis, die man aus der Fünf-Kräfte-Analyse ziehen kann?

32. Erklären Sie die Begriffe «Abnehmermacht» und «Gefahr durch Ersatzprodukte» im Zusammenhang mit Porters Fünf-Kräfte-Modell.

33. Welche Arten von Unternehmenszielen lassen sich unterscheiden?

34. Welchen Kategorien sind Ziele in Bezug auf Absatzmärkte, Sozialversicherungen, Betriebsklima, Liquidität, Umsatz, Deckungsbeitrag, Margen, Lieferbereitschaft und Public Relations zuzuordnen?

35. Welche Dimensionen haben Ziele?

36. Welche Fristen können Ziele aufweisen?

37. In welcher Beziehung können Ziele zueinander stehen? Erklären Sie.

38. Wie sind Ziele zu formulieren, um mess- und kontrollierbar zu sein? Formulieren Sie ein Beispiel.

39. Formulieren Sie je ein Beispiel eines leistungswirtschaftlichen, finanziellen, sozialen und ökologischen Ziels, bezogen auf Ihr Unternehmen.

40. Welche Arten von Unternehmensstrategien gibt es?

41. Was sind SGF und SGE?

42. Was ist eine SEP?

43. Was ist der Unterschied zwischen Differenzierung und Profilierung?

44. Was sind Kernkompetenzen?

45. Wofür stehen USP und UAP?

46. Nennen Sie je ein Beispiel für USP und UAP.

47. Beschreiben Sie vier Wettbewerbsstrategien.

48. Welche Wachstumsstrategien nach Ansoff lassen sich unterscheiden?

49. Was ist der Unterschied zwischen Marktdurchdringung und Marktentwicklung?

50. Welche Arten der Diversifikation lassen sich unterscheiden?

51. Welche Strategien lassen sich aus den Resultaten der SWOT-Analyse entwickeln?

52. Wie lassen sich Strategien umsetzen?

53. Was bzw. welche Aspekte sollten während und nach der Umsetzung der Strategie kontrolliert werden?

54. Was versteht man unter Change Management?

55. Warum braucht es Change Management?

56. Welche Massnahmen verwendet man im Change Management?

2.5   Spezielle Themen und Aufgaben im Management

1. Was versteht man unter «Unternehmenskooperationen»?

2. In welchen Bereichen können Unternehmen kooperieren?

3. Welches sind die Vor- und Nachteile von Kooperationen?

4. Was sind «Synergien»? Nennen Sie ein Beispiel.

5. Welche Kooperationsarten und -formen gibt es?

6. Was ist eine vertikale Kooperation und welche Formen gibt es?

7. Beschreiben Sie ein mögliches Beispiel einer horizontalen Kooperation, die Ihr Unternehmen einge- hen könnte.

8. Nach welchen Kriterien lassen sich verschiedene Kooperationsformen unterscheiden? Beschreiben Sie ein Beispiel.

_____

_____

_____

_____

9. Was ist ein Joint Venture?

_____

_____

10. Welche Art von Kartellen ist erlaubt?

_____

_____

11. Was ist eine strategische Allianz? Nennen Sie ein Beispiel.

_____

_____

12. Was versteht man unter «Risikomanagement»?

_____

_____

13. Welches sind die Aufgaben des Risikomanagements?

_____

14. Nach welchen Kriterien können Risiken bewertet werden?

_____

_____

15. Welche Arten der Risikosteuerung bzw. Risikobewältigung gibt es?

16. Welche Risiken können versichert werden? Zählen Sie sechs Risiken auf.

17. Was bedeutet «Wissensmanagement»?

18. Welche Instrumente stehen für Wissensmanagement zur Verfügung?

19. In welche Phasen lässt sich Technologie- und Innovationsmanagement gliedern?

20. Was bedeutet «Innovation»?

21. Was ist eine «Umweltpolitik» in einem Unternehmen?

22. Welches sind die vier Stufen der Abfall- und Emissionsbegrenzung?

_____

23. Wie kann das Umweltmanagement kontrolliert werden?

_____

_____

24. Welche Vorteile ergeben sich für ein Unternehmen, das Umweltmanagement betreibt?

_____

_____

25. Welche konkreten ökologischen Massnahmen kann ein Unternehmen, das Kosmetika produziert, ergreifen? Zählen Sie sechs Massnahmen auf.

_____

_____

_____

_____

_____

_____

_____

26. Was ist der Unterschied zwischen Kontrolle und Controlling?

_____

_____

_____

27. Was ist eine Balanced Scorecard?

_____

_____

_____

28. Zählen Sie fünf konkrete Kennzahlen auf, die in ein Kennzahlensystem gehören.

29. Was ist ein Businessplan?

30. Was beinhaltet ein Businessplan?

31. Für wen werden Businesspläne erstellt?

32. Was macht einen Businessplan zu einem guten Businessplan?

33. Aufgrund welcher Kriterien beurteilt eine Bank die Vergabe eines Kredits?

34. Was bedeutet «integriertes Management»?

35. Welche integrierten Managementmodelle gibt es? Nennen Sie drei.

36. Welche Elemente beinhaltet das St. Galler Management-Modell?

37. Welche Idee liegt dem Lean Management zugrunde?

38. Welches sind die Prinzipien des Lean Managements?

39. Was beinhaltet Total Quality Management?

40. Entspricht oder widerspricht der Fokus auf Kosten und Erlösen der TQM-Philosophie?

41. Was beinhaltet der TQM-Prozess?

Lösungen

Kapitel 3

3   Lösungen

Lösungen zu Kapitel Einführung

1. Was bedeutet «Management»?

   Management bedeutet, ein Unternehmen oder eine Organisation zu gestalten, lenken und weiterzu-

   entwickeln. Dies auf allen (Hierarchie-)Stufen, in sämtlichen Funktionen und bei allen Verrichtungen.

2. Welche Unternehmen benötigen ein Management?

   Alle

3. Was heisst «wirtschaften»?

   Mit knappen Gütern umzugehen: sie zu gewinnen, zu verarbeiten, zu verteilen und zu verwenden.

4. Welche Bedürfnisse lassen sich unterscheiden und weshalb sind sie für die Wirtschaft von Bedeutung?

   Grundbedürfnisse, Sicherheitsbedürfnisse, soziale Bedürfnisse, Ego-Bedürfnisse,

   Selbstverwirklichungsbedürfnisse. Wenn aus Bedürfnissen ein Bedarf entsteht, lohnt es sich

   unter Umständen aus betriebswirtschaftlicher Sicht, diesen durch eine Leistung zu decken.

5. Welche Arten von Wirtschaftsgütern lassen sich unterscheiden?

   Konsumgüter (Gebrauchs- und Verbrauchsgüter), Dienstleistungen, Investitionsgüter

6. Was sind Substitutions-, Komplementär-, regenerierbare und immaterielle Güter? Nennen Sie je ein Beispiel.

   Substitutionsgüter ersetzen ein anderes Gut, z. B. Zichorie statt Kaffee.

   Komplementärgüter ergänzen ein anderes Gut, z. B. Salatsosse.

   Regenerierbare Güter können wiederaufbereitet/recycelt werden, z. B. Papier, PET, Glas.

   Immaterielle Güter sind intangibel, man kann sie nicht anfassen, weil sie keine physische Ware sind:

   Dienstleistungen wie z. B. eine Ferienreise, eine Versicherung, eine Schulung.

7. Welche Bedeutung hat die Güterlehre fürs Management?

   Aufbau und Führung eines Unternehmens hängen von den Gütern ab, die das Unternehmen erstellt:

   Produktions-, Handels- oder Dienstleistungsbetrieb, Gross- oder Kleinbetrieb usw.

8. Was ist der Unterschied zwischen Management und Betriebswirtschaft?

    Die Betriebswirtschaft analysiert und beschreibt einzelne Unternehmen sowie die Unternehmen

    als Gruppe innerhalb der Wirtschaft. Management befasst sich mit der Führung dieser Unternehmen

    und stützt sich dabei auf die betriebswirtschaftlichen Erkenntnisse.

9. Was ist der Unterschied zwischen Volks- und Betriebswirtschaft?

    Die Betriebswirtschaft befasst sich mit Unternehmen/Unternehmensgruppen (Froschperspektive),

    die Volkswirtschaft befasst sich mit gesamtwirtschaftlichen Themen (Vogelperspektive) wie

    z. B. Konjunktur, Import-/Exportwirtschaft, Beschäftigung usw.

10. Was bedeutet Makro-, was Mikroökonomie?

    Makroökonomie betrifft die Volks-, Mikroökonomie die Betriebswirtschaft.

Lösungen zu Kapitel Grundlagen der Betriebswirtschaft

1. Was bedeutet «Firma» im engeren, was im weiteren Sinn?

    Im engeren Sinn ist die Firma der Name eines Unternehmens, z. B. KLV Verlag AG. Im weiteren Sinne

    werden auch Unternehmen als Firmen bezeichnet.

2. Was ist eine Institution?

    Eine Organisation oder ein Unternehmen, das schon lange existiert, fest etabliert, weitherum

    bekannt und über die Unternehmensgrenzen hinweg von Bedeutung für die Öffentlichkeit ist.

3. Nach welchen Kriterien lassen sich Unternehmen klassifizieren?

    Nach Gewinnverwendung, nach Eigentumsverhältnissen, nach Grösse, nach geografischer

    Ausrichtung, nach Rechtsformen, nach Strukturen

4. Was sind NPOs, was NGOs? Geben Sie je ein Beispiel.

NPOs sind Non-Profit-Organisationen, d.h. nicht gewinnorientierte Unternehmen wie z.B. die

ANAVANT. NGOs sind Nongovernmental Organizations, d.h. Nichtregierungsorganisationen,

d.h. private gemeinnützige Organisationen, z.B. WWF, Caritas, Greenpeace. Die meisten NGOs

sind auch NPOs.

5. Nach welchen Kriterien lässt sich die Grösse eines Unternehmens messen?

Nach Anzahl Mitarbeiter, nach Bilanzsumme, nach Umsatz

6. Was heisst KMU?

Klein- und Mittelbetriebe, d.h. Betriebe bis 249 Mitarbeiter und/oder bis 43 Mio. Euro

Bilanzsumme und/oder bis 50 Mio. Euro Umsatz

7. Wie viele Schweizer Unternehmen sind KMU und wie viele Beschäftigte arbeiten in Schweizer KMU?

Rund 555 000 und damit 99.8 % der Schweizer Unternehmen sind KMU. Knapp 3 Mio. Beschäftigte

und damit 70.1 % arbeiten in KMU (Stand 2012, bfs).

8. Ist ein Betrieb, der mit 49 Mitarbeitenden 55 Mio. Euro Umsatz erwirtschaftet, ein kleiner oder ein mittlerer Betrieb?

Beides – je nach Betrachtungsweise. Man könnte zusätzlich die Bilanzsumme ermitteln: Liegt diese

unter 10 Mio. Euro, kann man den Betrieb den Kleinen zuordnen, liegt sie darüber, den Mittelgrossen.

9. Was ist ein Mikrounternehmen?

Ein Kleinstunternehmen mit maximal 9 Mitarbeitenden / unter 2 Mio. Euro Bilanzsumme / unter

2 Mio. Euro Umsatz.

10. Wann ist ein Unternehmen lokal, wann regional tätig?

Lokal ist auf die Standortgemeinde oder sogar auf einen Stadtteil, ein Quartier oder einen

Strassenzug beschränkt. Regional geht darüber hinaus, kann z.B. eine Stadt mit ihren umliegenden

Gemeinden, einen Kanton oder auch mehrere Kantone (z.B. Nordostschweiz) umfassen.

11. Was ist der Unterschied zwischen einem international und einem multinational tätigen Unternehmen?

Ein internationales Unternehmen produziert in der Schweiz und exportiert ins Ausland.

Ein multinationales Unternehmen hat mehrere Produktionsstandorte in mehreren Ländern.

12. Was sind «gemischtwirtschaftliche Unternehmen»?

Unternehmen, an denen Private (juristische oder natürliche Personen) und der Staat (Bund, Kanton,

Gemeinde) beteiligt sind.

13. Nennen Sie drei Beispiele für öffentlich-rechtliche Organisationen.

SUVA, SRG, Post, Swisscom, SBB

14. Was sind «staatsnahe» Betriebe? Nennen Sie ein Beispiel.

Unternehmen, die weitgehend vom Staat abhängen, weil sie z. B. alle oder die Mehrheit der Aufträge

durch den Staat erhalten. Beispiele: Universität Basel, VBZ, Post, industrielle Betriebe.

15. Ist ein Unternehmen namens GUT AG ein privatwirtschaftliches, öffentlich-rechtliches oder gemischtwirtschaftliches Unternehmen? Ist es eine NPO oder eine NGO?

Die GUT AG kann alles sein, nur die Rechtsform lässt sich aus der Firmierung erkennen:

Aktiengesellschaft.

16. Wann kann ein Unternehmen als personalintensiv bezeichnet werden, wann als energieintensiv?

Dienstleistungsbetriebe sind personalintensiv, weil Arbeit und Know-how die vorherrschenden

Produktionsfaktoren sind. Bei energieintensiven Unternehmen verursacht der Energieverbrauch

am meisten Kosten, z. B. in der Papier-, Glas-, Giesserei-, Zement- und Ziegelindustrie.

17. Welche Fertigungstypen und -verfahren gibt es?

Einzel- und Serienfertigung, Werkstatt- und Fliessbandprinzip

3

Lösungen

18. Was ist eine Rechtsgemeinschaft?

Eine Rechtsgemeinschaft liegt vor, wenn mehrere Personen Träger ein und desselben Rechts sind,

beispielsweise, weil sie sich gemeinsam an einer Kollektivgesellschaft beteiligen.

Rechtsgemeinschaften verfügen über keine eigene Rechtspersönlichkeit, sie «hängen» an ihren

Eigentümern, die natürliche Personen sind und alle Rechte und Pflichten gegenüber der

Gesellschaft innehaben. Einfache, Kollektiv- und Kommanditgesellschaften sind

Rechtsgemeinschaften.

19. Welche Rechtsformen sind in der Schweiz von Bedeutung?

Aktiengesellschaft, GmbH, Genossenschaft, Verein, Kollektivgesellschaft, Einzelunternehmen,

einfache Gesellschaft

20. Was ist ein Kommanditär, was ein Komplementär?

Beide sind Gesellschafter in der Kommanditgesellschaft. Der Kommanditär bringt die Arbeitskraft,

der Komplementär das Kapital: Komplementäre haften subsidiär und unbeschränkt, Kommanditäre

haften beschränkt (d. h. maximal mit der Kommanditsumme) und haben dafür kein Stimmrecht.

21. Wie viele Gründer braucht es für eine Aktiengesellschaft, eine GmbH, eine Kommanditgesellschaft, einen Verein, eine Genossenschaft, eine Kollektivgesellschaft, eine einfache Gesellschaft und ein Einzelunternehmen?

1 Gründer: Einzelunternehmen

Mind. 1 Gründer: AG, GmbH, Verein

Mind. 2 Gründer: Kommandit-, Kollektiv-, einfache Gesellschaft

Mind. 7 Gründer: Genossenschaft

22. Wie viel Kapital ist erforderlich für die Gründung einer Aktiengesellschaft, einer GmbH, einer Kommanditgesellschaft, eines Vereins, einer Genossenschaft, einer Kollektivgesellschaft, einer einfachen Gesellschaft und eines Einzelunternehmens?

Keine Vorschriften: Kommanditgesellschaft, Verein, Genossenschaft, Kollektivgesellschaft,

Einzelunternehmen

AG: CHF 100 000, davon CHF 50 000 einbezahlt

GmbH: CHF 20 000 vollständig einbezahlt

23. Für welche Gesellschaften ist der Handelsregistereintrag obligatorisch?

Aktiengesellschaften, GmbH, Kollektivgesellschaften, Kommanditgesellschaften. Ausserdem

Einzelunternehmen ab CHF 100 000 Jahresumsatz und Vereine, die ein nach kaufmännischer

Art geführtes Gewerbe betreiben.

24. Was ist bei der Firmierung einer Aktiengesellschaft, einer GmbH, einer Kommanditgesellschaft, eines Vereins, einer Genossenschaft, einer Kollektivgesellschaft, einer einfachen Gesellschaft und eines Einzelunternehmens zu beachten?

Keine Vorschriften: Verein

Familienname zwingend: Einzelunternehmen, Kollektivgesellschaft, Kommanditgesellschaft

(Komplementär)

Zusätze zwingend: Kollektivgesellschaft (z. B. & Co, Erben, Gebrüder, & Partner),

Kommanditgesellschaft, AG, GmbH, Genossenschaft

25. Was bedeutet «ein nach kaufmännischer Art geführtes Gewerbe»?

Handels-, Produktions- oder Dienstleistungsunternehmen, die nach wirtschaftlichen Kriterien

geführt werden, eine wirtschaftliche Bedeutung haben und eine geordnete Buchführung erfordern.

Die wichtigsten Kriterien sind: Umsatz, Geschäftsbeziehungen zu Kunden und Lieferanten,

benötigtes Kapital.

26. Wofür steht GmbH?

Gesellschaft mit beschränkter Haftung

27. Welche Organe benötigen ein Einzelunternehmen, eine Kollektivgesellschaft, eine GmbH und eine Aktiengesellschaft?

Einzelunternehmen: keine Organe, freiwillig: Revisionsstelle

Kollektivgesellschaft: Gesellschafter, freiwillig: Revisionsstelle

GmbH: Gesellschafterversammlung, Geschäftsführung (mind. 1), Revisionsstelle

(ausser bei Verzicht)

AG: Generalversammlung, Verwaltungsrat (mind. 1), Revisionsstelle (ausser bei Verzicht)

28. Wie ist die Haftung geregelt bei Einzelunternehmen, Kollektivgesellschaften, GmbH, Aktiengesellschaften, Vereinen und Genossenschaften?

Einzelunternehmen: unbeschränkt und persönlich

Kollektivgesellschaft: primär Haftung des Gesellschaftsvermögens, subsidiär unbeschränkte

und solidarische Haftung aller Gesellschafter

GmbH und AG: beschränkt aufs Gesellschaftsvermögen

Verein: beschränkt aufs Vereinsvermögen (ausser die Statuten sehen etwas anderes vor)

Genossenschaft: beschränkt aufs Genossenschaftsvermögen

29. Was ist ein «Eigentümer-Unternehmen2 und welche Rechtsform hat es?

Ein Unternehmen, in dem der oder die Eigentümer auch als Geschäftsführer tätig sind.

Dies ist im Prinzip bei jeder Rechtsform möglich, vorwiegend aber bei Einzelunternehmen,

Kollektivgesellschaften, Kommanditgesellschaften, Familien-Aktiengesellschaften.

30. Worauf fokussiert ein Unternehmen, das den Shareholder Value verfolgt?

Auf Gewinnsteigerung, auf optimale Rendite für die Kapitalgeber

31. Was bedeutet ein «dynamisches Umfeld»?

Die Einflussfaktoren aus den Umweltsphären und von Anspruchsgruppen sind vielfältig und

wechselhaft, das Unternehmen muss flexibel darauf reagieren können.

Lösungen zu Kapitel Grundlagen des Managements

1. Was bedeutet die Aussage: «Das Unternehmen ist ein soziales System»?

   Das Unternehmen ist ein offenes System: Zwar ist abgegrenzt, was zur Firma gehört und was nicht,

   jedoch besteht ein reger Austausch mit anderen Systemen (z. B. in Form von Lieferfirmen,

   Firmenkunden, Behörden usw.). Das Unternehmen selbst wie auch sein Umfeld besteht letztlich aus

   Menschen (Mitarbeiter, Kunden, Lieferanten, Nachbarn, Journalisten usw.), weshalb man von sozialen

   Systemen spricht.

2. Was ist ein Prozess, was eine Funktion? Nennen Sie je ein Beispiel.

   Ein Prozess ist ein Ablauf, eine Abfolge von Verrichtungen. Bestellt z. B. ein Kunde einen Artikel,

   läuft die Bestellungsabwicklung in mehreren Schritten ab, beispielsweise: Entgegennahme,

   Überprüfung, Bestellbestätigung, Beschaffung des Artikels, Bearbeitung des Artikels wie

   Konfektionierung, Verpackung, Versand, Empfangsbestätigung, Verrechnung. Eine Funktion ist eine

   Abteilung, z. B. Einkauf, Produktion, Verkauf. Verwendet wird der Begriff «Funktion» ausserdem für

   die jeweilige Hauptaufgabe der einzelnen Mitarbeiter: Wer als «Maurer» in einem Betrieb angestellt

   ist, trägt diesen Funktionstitel und ist auch verantwortlich für diese Funktion, d. h. für die Arbeit,

   die er als Maurer verrichtet.

3. Skizzieren Sie die Wertschöpfungskette Ihres Unternehmens bzw. eines Bereichs in Ihrem Unternehmen.

   Beispiel kleiner Malerbetrieb:

   Managementfunktionen: Geschäftsleitung, Qualitätsmanagement

   Primärfunktionen: Akquisition, Offertstellung/Beratung/Projektplanung, Einkauf, Produktion, Abnahme

   Supportfunktionen: Buchhaltung, Administration

4. Was bedeutet «Wertschöpfung» im Sinne der Betriebswirtschaft?

   Wert der Marktleistung – Wert der Vorleistung, z. B. Preis, den der Kunde für die gemalten Räume

   bezahlt abzüglich des dafür eingekauften Materials (Farbe, Abdeckmaterial usw.) und abzüglich

   der dafür bezogenen Fremdleistungen (z. B. Betreibungsauskünfte).

3

Lösungen

5. Welches sind relevante Geschäftsprozesse einer kleinen Schreinerei?

Produktentwicklung, Beschaffung, Produktion, Verkauf/Beratung

6. Was ist der Unterschied zwischen Effektivität und Effizienz? Erklären Sie anhand eines Beispiels.

Effektivität: to do the right thing – das Richtige tun

Effizienz: to do the things right – die Dinge richtig tun

Wenn ich eine Steuerauskunft benötige, wende ich mich an den zuständigen Steuerkommissär und

nicht an meinen Nachbarn (= Effektivität). Diesen rufe ich an, damit ich alle Fragen gleich klären kann

(= Effizienz).

7. Wie kann man Effizienz messen?

Produktivität = Menge der erbrachten Leistung / Menge der eingesetzten Ressourcen

8. Wie kann man Effektivität messen?

Wirtschaftlichkeit = Ertrag / Aufwand

Rentabilität, z. B. des Eigenkapitals = Gewinn / durchschnittliches Eigenkapital × 100

9. Bedeutet der Aufbau eines neuen Absatzmarkts mehr Effizienz oder mehr Effektivität?

Effektivität

10. Bedeutet der Abbau von Doppelspurigkeiten mehr Effizienz oder mehr Effektivität?

Effizienz

11. Welche der folgenden Gegebenheiten gefährden die Effizienz, welche die Effektivität? Veralteter Maschinenpark, Fluktuation, dirigistischer Führungsstil, fehlender Businessplan.

Effizienz: veralteter Maschinenpark, Fluktuation

Effektivität: dirigistischer Führungsstil, fehlender Businessplan

12. Was bedeutet Produktivität? Nennen Sie ein Beispiel.

   Wenn ein Aussendienstmitarbeiter bei gleichem Einsatz am Montag 20 und am Dienstag

   15 Abschlüsse erreicht, war er am Montag produktiver.

13. Beschreiben Sie ein Beispiel für Wirtschaftlichkeit.

   Wenn ein Gemüsehändler mit Salat pro Monat CHF 3 000 Umsatz erreicht und für den Einkauf

   der Salate CHF 1 000 aufwendet, so beträgt die Wirtschaftlichkeit 3. Kann er den Verkaufspreis

   erhöhen und dennoch die gleiche Menge absetzen, so verbessert sich die Wirtschaftlichkeit auf 3.3.

14. Wie können Aktionäre von einer erhöhten Rentabilität profitieren?

   Sie profitieren, wenn an der GV eine höhere Dividende beschlossen wird.

15. Was bedeutet Legitimation für ein Unternehmen?

   Daseinsberechtigung, Existenzberechtigung. Ein Unternehmen besitzt Legitimation, wenn

   seine Leistungen den Kunden längerfristig nützen, es längerfristig Wettbewerbsvorteile erhalten

   und sein (finanzielles) Überleben längerfristig sichern kann.

16. Was ist «normatives Management»?

   Das normative Management ist die oberste Managementebene und legt Unternehmensethik

   und -kultur fest. Dazu gehören: Vision, Werte und Normen (Leitbild) und Spielregeln (Politik)

   des Unternehmens.

17. Was beinhaltet die Unternehmensethik?

   Die Unternehmensethik definiert die moralischen Wertvorstellungen des Unternehmens und damit

   sein Verhalten gegenüber und seinen Umgang mit seinen Anspruchsgruppen.

18. Beschreiben Sie ein konkretes Beispiel von angewandter Unternehmensethik.

   Migros Kulturprozent (Migros investiert einen Teil ihres Umsatzes in Freizeit, Bildung und Kultur)

19. Woran erkennen Sie die Kultur eines Unternehmens? Zählen Sie zehn Elemente auf.

Führungsstil, interne und externe Kommunikation und Umgangsformen, Informationsverhalten,

Vorschlagswesen, Umgang mit Fehlern/Qualitätsbewusstsein, Ordnung im Betrieb / Zustand von

Gebäude, Mobiliar, Geräten usw., Qualifikations-, Entlöhnungs-, Beförderungs-

Rekrutierungssystem, Kleidung, Sitzungsrituale, Feste / Apéros / gemeinsame Mittagessen u. v. m.

20. Was ist der Unterschied zwischen strategischem und operativem Management?

Das strategische Management bildet nach dem normativen und vor dem operativen Management

die mittlere Managementebene. Das strategische Management erstellt Geschäftspläne, um

langfristige Wettbewerbsvorteile zu erreichen. Das operative Management führt die Mitarbeiter,

stellt die Ressourcen bereit, plant, steuert und überwacht die Geschäfts- und

Unterstützungsprozesse.

21. Zeigen Sie den Problemlösungsprozess auf.

1. Problemdefinition und -analyse

2. Erarbeitung von Lösungsalternativen

3. Bewertung von Alternativen und Entscheid

4. Umsetzung der gewählten Alternative

5. Kontrolle der Zielerreichung

22. Mit welcher Methode gelangt man auf systematischem Weg zu Entscheiden?

Zum Beispiel mit der Nutzwertanalyse (Entscheidungsmatrix)

23. Zählen Sie drei Kreativitätstechniken auf.

Brainstorming, Brainwriting, morphologischer Kasten, Mindmapping, laterales Denken

24. Wofür benötigt ein Unternehmen Kreativitätstechniken?

Um Ideen zu erhalten, z. B. zur Problemlösung, zur Produktentwicklung, für Innovationen

Lösungen zu Kapitel Strategisches Management

1. Wofür ist das strategische Management zuständig?

   Für die Definition von Vision, Leitbild, Unternehmenspolitik und -zielen, für die Wahl des

   Unternehmensstandorts, für die Entwicklung von Unternehmensstrategien, für die Erstellung

   des Businessplans, für die Steuerung und Überwachung der Strategieumsetzung, fürs strategische

   Controlling und für Change Management

2. Aus welchen Schritten besteht der Prozess des strategischen Managements?

   1. Entwicklung des strategischen Rahmens

   2. Entwicklung von Strategien

   3. Umsetzung von Strategien

3. Aus welchen Elementen besteht die Unternehmenspolitik?

   Vision, Mission, Leitbild

4. Was ist eine Unternehmensvision, was eine -mission?

   Die Vision ist ein Fernziel, ein Bild eines idealen Zustands, den man mit dem Unternehmen für die

   Zukunft anstrebt. Sie ist eine Art Fixstern, ein Orientierungspunkt für die Unternehmensleitung und

   ihre Mitarbeiter. Die Mission ist der Vision ähnlich, richtet sich aber nach aussen, an die Kunden.

5. Wie sollen Visionen und Missionen formuliert werden?

   Kurz, knapp, prägnant, positiv, zukunftsgerichtet, offen, motivierend

6. Formulieren Sie je ein Beispiel für eine Vision und eine Mission.

   Vision: Illy Kaffee will eine weltweite Referenz für Kaffeekultur und exzellente Kaffeequalität sein.

   Mission: Unser Ziel ist es, Menschen auf der ganzen Welt, für die Lebensqualität eine wichtige

   Rolle spielt, mit Kaffee von bestmöglicher Qualität zu verwöhnen.

7. Was bezweckt ein Leitbild?

   Es dient den Anspruchsgruppen zur Orientierung.

8. Was beinhaltet ein Leitbild?

Die wichtigsten Werte, Normen und Grundregeln gegenüber den wichtigsten Anspruchsgruppen (meistens Mitarbeiter, Kunden und Lieferanten) und Umweltsphären (meistens Wirtschaft, Ökologie und Technologie). Anders gesagt: Das Leitbild beschreibt die Vision und Mission etwas genauer und detaillierter.

9. Wie soll ein Leitbild gegliedert und formuliert werden?

Die Anspruchsgruppen und/oder Umweltsphären bilden eigene Abschnitte, die wenige kurze, prägnante Sätze beinhalten. Das Leitbild umfasst maximal eine A4-Seite.

10. Welche Bedeutung kommt dem Unternehmensstandort zu?

Eine sehr grosse Bedeutung, denn die Standortwahl ist ein strategischer Entscheid. Was am Standort aufgebaut wird, soll langfristig Bestand haben und Stabilität bieten.

11. Welche Arten von Standortfaktoren sind zu berücksichtigen? Nennen Sie je zwei Beispiele.

Beschaffungsbezogene Faktoren: Arbeitsmarkt, Verkehrsverbindungen, Grundstück/ Räumlichkeiten, Rohstoffe, Lieferanten usw.

Produktionsbezogene Faktoren: natürliche Ressourcen, technologisches Umfeld, politische Stabilität usw.

Absatzbezogene Faktoren: Absatzmarkt, Absatzmittler, Mitbewerber usw.

12. Wie gelangt man systematisch zu einem sinnvollen Standortentscheid?

Mithilfe einer Nutzwertanalyse: infrage kommende Standorte auflisten, relevante Faktoren definieren, gewichten und bewerten, quantitativ auswerten

13. Welche Instrumente eignen sich für eine Situationsanalyse? Zählen Sie fünf Instrumente auf.

SWOT-Analyse, ABC-Analyse, Lebenszyklus-Analyse, Portfolio-Analyse, Marktkennzahlen-Analyse, Benchmarking, Fünf-Kräfte-Modell nach Porter

14. Was beinhaltet die SWOT-Analyse?

    Unternehmensanalyse: unternehmensinterne Stärken und Schwächen im Vergleich zum grössten

    Mitbewerber

    Umweltanalyse: Chancen und Gefahren aus den Umweltsphären

15. SWOT ist die Abkürzung wofür?

    Strenghts (Stärken), Weaknesses (Schwächen), Opportunities (Chancen), Threats (Gefahren)

16. Welche Kombinationen lässt die SWOT-Analyse zu?

    ST: Gefahren mit Stärken abwehren

    SO: mit Stärken Chancen nutzen

    WO: mit Chancen Schwächen kompensieren

17. Welche der folgenden Nennungen sind für einen Sensoren-Produzenten Stärken, welche Chancen? Qualifizierte Mitarbeiter, hoher Bekanntheitsgrad, zunehmender Einsatz von Sensoren in der Autoindustrie, intensive Forschung in der Sensortechnik an Hochschulen, leistungsfähige und flexible Produktion, hohe Lieferbereitschaft.

    Stärken: Mitarbeiter, Bekanntheit, Produktion, Lieferbereitschaft

    Chancen: Autoindustrie, Forschung

18. Wie kann ein Unternehmen reagieren, wenn Schwächen auf Gefahren stossen?

    Schwächen eliminieren

19. Wofür lässt sich die ABC-Analyse verwenden?

    Für die Einteilung von Kunden oder Produkten nach Umsatz, in der Materialwirtschaft, für die

    Einteilung von Personal nach Kosten, in der F & E für den Vergleich von Kosten/Nutzen

20. Welche Phasen kennt die Lebenszyklus-Analyse?

    1. Entwicklung, 2. Einführung, 3. Wachstum, 4. Reife, 5. Sättigung, 6. Rückgang, 7. Degeneration

21. Was ist ein Unternehmenslebenszyklus?

   Im Prinzip das Gleiche wie der Produktlebenszyklus, aber aufs Unternehmen statt aufs Produkt

   bezogen: 1. die Gründung des Unternehmens wird geplant, 2. das Unternehmen nimmt seine

   Tätigkeit auf, 3. das Unternehmen wächst zuerst relativ schnell, 4. später langsamer und erreicht

   schliesslich 5. die angestrebte oder erreichbare Grösse, 6. schrumpft evtl. wieder (z. B. wegen einer

   Rezession oder einer misslungenen Nachfolge), 7. wird evtl. liquidiert (z. B. wenn es seine

   Legitimation verliert, Konkurs geht oder wenn es der Unternehmer so entscheidet).

22. Welche unternehmerischen Entscheide erleichtert eine Portfolio-Analyse?

   Die Förderung eines oder mehrerer Produkte (Stars, Question Marks), die Eliminierung eines oder

   mehrerer Produkte (Dogs), die Planung von Relaunches und Revivals (Cash Cows), die Entwicklung

   von Nachwuchsleistungen (falls das aktuelle Schwergewicht auf Cash Cows und Dogs liegt). Oder

   generell: als Grundlage für (Produkt-/Markt-)Strategieentwicklungen und Investitionsentscheide.

23. Wie ist der «relative Marktanteil» definiert?

   Eigener Marktanteil im Verhältnis zum Marktanteil des stärksten Mitbewerbers

24. Was lässt sich bezüglich Marktwachstum und relativem Marktanteil zu den Produktgruppen in der Portfolio-Matrix aussagen?

   Cash Cows: tiefes Marktwachstum, hoher relativer Marktanteil

   Rising Stars: hohes Marktwachstum, hoher relativer Marktanteil

   Question Marks: hohes Marktwachstum, tiefer relativer Marktanteil

   Poor Dogs: tiefes Marktwachstum, tiefer relativer Marktanteil

25. Was sind «Babies» im Zusammenhang mit der Portfolio-Analyse?

   Question Marks (verschiedene Begriffe für die gleiche Produktkategorie)

26. Wie wird die Portfolio-Analyse auch noch genannt?

   BCG-Matrix (BCG = Boston Consulting Group), Produktportfolio, Marktwachstums-/

   Marktanteilsmatrix

27. Wie lassen sich die Lebenszyklus- und die Portfolio-Analyse verbinden?

    Question Marks oder Babies sind meist relativ neu auf dem Markt, befinden sich also in der

    Einführungsphase. Stars befinden sich in der Wachstums-, Cash Cows in der Reife- oder

    Sättigungsphase. Poor Dogs sind in der Rückgangs- oder Degenerationsphase zu finden.

28. Was ist Benchmarking?

    Benchmarking ist ein Vergleich des eigenen Unternehmens (bzw. eines Unternehmensbereichs oder

    eines Produkts) mit dem stärksten Mitbewerber und/oder mit dem Branchendurchschnitt. Zuerst

    werden die Kriterien festgelegt, die man vergleichen möchte (z. B. Finanzkraft, Technologiestand,

    Lieferbereitschaft usw.), danach werden die Kriterien gemessen bzw. bewertet, am Schluss wird das

    Resultat - meist in Form eines Netzdiagramms - präsentiert.

29. Was nützt ein Benchmarking einem Unternehmen?

    Man erkennt die eigenen Stärken und Schwächen, aber auch die Unterschiede und damit die

    Profilierungs- bzw. Differenzierungsmöglichkeiten gegenüber dem stärksten Mitbewerber.

30. Welche Elemente beinhaltet das Fünf-Kräfte-Modell nach Porter?

    Wettbewerb innerhalb der Branche, Macht der Lieferanten, Macht der Abnehmer, Gefahr durch

    Ersatzprodukte, Gefahr durch neue Mitbewerber

31. Welches ist die Haupterkenntnis, die man aus der Fünf-Kräfte-Analyse ziehen kann?

    Chancen und Risiken und wie stark sie sich auf die Rentabilität des Unternehmens

    auszuwirken vermögen

32. Erklären Sie die Begriffe «Abnehmermacht» und «Gefahr durch Ersatzprodukte» im Zusammenhang
    mit Porters Fünf-Kräfte-Modell.

    Abnehmermacht: Das Kräfteverhältnis zwischen Kunden und Produzenten variiert je nach

    Marktkonstellation (Käufer-/Verkäufermarkt, Monopol / Oligopol / atomistische Konkurrenz),

    Kostenstruktur (Rohmaterial, Produktion, Personal), Differenzierung, Kundenbindung/

    Wechselkosten usw.

    Gefahr durch Ersatzprodukte: Je nach Preis- und Produktpositionierung, Kundenneigungen

    und Leistungen des Produkts, drängen mehr oder weniger Nachahmerprodukte auf den Markt.

3

Lösungen

33. Welche Arten von Unternehmenszielen lassen sich unterscheiden?

Leistungs- und finanzwirtschaftliche Ziele sowie soziale Ziele

34. Welchen Kategorien sind Ziele in Bezug auf Absatzmärkte, Sozialversicherungen, Betriebsklima, Liquidität, Umsatz, Deckungsbeitrag, Margen, Lieferbereitschaft und Public Relations zuzuordnen?

Absatzmärkte, Umsatz, Lieferbereitschaft = leistungswirtschaftliche Ziele

Sozialversicherungen, Betriebsklima, Public Relations = soziale Ziele

Liquidität, Deckungsbeitrag, Margen = finanzwirtschaftliche Ziele

35. Welche Dimensionen haben Ziele?

Inhalt, Ausmass, Zeit

36. Welche Fristen können Ziele aufweisen?

Kurz-, mittel-, langfristig (operativ, taktisch, strategisch)

37. In welcher Beziehung können Ziele zueinander stehen? Erklären Sie.

Zielharmonie: Die Ziele unterstützen einander.

Zielkonkurrenz: Die Ziele beeinträchtigen einander.

Zielneutralität: Die Ziele haben keine Berührungspunkte.

38. Wie sind Ziele zu formulieren, um mess- und kontrollierbar zu sein? Formulieren Sie ein Beispiel.

Nach SMART: spezifisch, messbar, erreichbar, relevant, terminiert.

Beispiel: Bis zum 31.10.2016 haben 80 % unserer Mitarbeiter im Hauptsitz das neue Leitbild gelesen.

39. Formulieren Sie je ein Beispiel eines leistungswirtschaftlichen, finanziellen, sozialen und ökologischen Ziels, bezogen auf Ihr Unternehmen.

Leistungswirtschaftlich: Bis 31.12.2016 steigern wir den Marktanteil unserer Cola-Getränke

im Markt Schweiz auf 10 %.

Finanziell: Bis 30.11.2016 steigern wir den Eigenfinanzierungsgrad auf 80 %.

Sozial: Bis 31.07.2017 haben wir MbO in all unseren Deutschschweizer Filialen eingeführt.

Ökologisch: Bis 30.06.2020 entspricht unser Hauptgebäude dem Minergie-Standard.

40. Welche Arten von Unternehmensstrategien gibt es?

Unternehmensstrategie (bezogen aufs Gesamtunternehmen)

Geschäftseinheitsstrategie (bezogen auf eine Division / einen Bereich)

Funktionale Strategie (bezogen auf eine Abteilung, z. B. Marketingstrategie)

41. Was sind SGF und SGE?

Strategische Geschäftsfelder (Produkte/Märkte) und strategische Geschäftseinheiten (Divisionen/

Sparten/Bereiche/Abteilungen)

42. Was ist eine SEP?

Eine strategische Erfolgsposition, d. h. ein langfristiger (strategischer) Wettbewerbsvorteil.

Sie entsteht aus Kernkompetenzen, mit denen sich das Unternehmen im Markt einzigartig

positioniert und differenziert.

43. Was ist der Unterschied zwischen Differenzierung und Profilierung?

Durch Differenzierung ist man anders als die Mitbewerber, man unterscheidet sich so von ihnen,

dass man eine einzigartige Marktpositionierung erreicht (Alleinstellung). Bei der Profilierung geht

es darum, besser zu sein als die Mitbewerber, um den Kunden Vorteile gegenüber den Mitbewerbern

zu bieten.

44. Was sind Kernkompetenzen?

Fähigkeiten, die das Unternehmen besser beherrscht als seine Mitbewerber.

45. Wofür stehen USP und UAP?

USP = Unique Selling Proposition, einzigartiger Produktvorteil

UAP = Unique Advertising Proposition, einzigartiger Werbevorteil

46. Nennen Sie je ein Beispiel für USP und UAP.

USP: Die Rezeptur und damit der Geschmack einer Coca-Cola ist bisher einzigartig und unerreicht.

UAP: «Red Bull verleiht Flügel».

3

Lösungen

47. Beschreiben Sie vier Wettbewerbsstrategien.

Kühn: aggressive Preisstrategie (man erarbeitet sich Kostenvorteile gegenüber den Mitbewerbern

und kann dadurch den Markt mit tieferen Preisen beliefern), Me-too-Strategie (Nachahmerstrategie,

man kopiert einen Markenartikel), Profilierungsstrategie (man strebt über USP und SEP

Einzigartigkeit an)

Porter: selektive Kostenführerschaft (Kostenvorteile im Teilmarkt), aggressive Kostenführerschaft

(Kostenvorteile im Gesamtmarkt), Qualitätsführerschaft (Leistungsvorteile im Gesamtmarkt),

selektive Qualitätsführerschaft (Leistungsvorteile im Teilmarkt, Nischenstrategie)

48. Welche Wachstumsstrategien nach Ansoff lassen sich unterscheiden?

Marktdurchdringung, Produktentwicklung, Marktentwicklung, Diversifikation

49. Was ist der Unterschied zwischen Marktdurchdringung und Marktentwicklung?

Bei der Marktdurchdringung erhöht man mit bestehendem Produkt im bestehenden Markt den

Marktanteil. Bei der Marktentwicklung erschliesst man einen neuen Markt oder ein neues

Marktsegment und erhöht so den Absatz eines bestehenden Produkts.

50. Welche Arten der Diversifikation lassen sich unterscheiden?

Vertikale Diversifikation: Aufnahme von Produkten der vor- oder nachgelagerten Stufe

(z. B. neben den Haushaltsmessern auch deren Vertrieb über spezialisierte Shops)

Horizontale Diversifikation: Aufnahme ähnlicher Produkte ins Programm (z. B. neben

Haushaltsmessern zusätzlich Taschenmesser)

Laterale Diversifikation: Aufnahme eines Produkt-Marktbereichs, der keine Beziehung zum

bisherigen Angebot hat (z. B. neben Haushaltmessern zusätzlich Portemonnaies)

51. Welche Strategien lassen sich aus den Resultaten der SWOT-Analyse entwickeln?

SO-Strategien: Chancen nutzen, z. B. durch Produktentwicklung

ST-Strategien: Gefahren vorbeugen, z. B. durch Nischenstrategie / selektive Qualitätsführerschaft

WO-Strategien: Chancen nutzen, z. B. durch selektive Kostenführerschaft oder durch

Marktentwicklung

WT-Strategien: Gefahren vorbeugen, z. B. durch Profilierung / selektive Qualitätsführerschaft

oder durch Diversifikation

52. Wie lassen sich Strategien umsetzen?

Durch Projektmanagement

53. Was bzw. welche Aspekte sollten während und nach der Umsetzung der Strategie kontrolliert werden?

Prämissen (Voraussetzungen, Annahmen, Situationsanalyse), Verfahren (Methoden der

Strategieplanung und Umsetzung), Ablauf (Struktur und Verlauf des Strategieprozesses), Verhalten

(Arbeit der Personen, die mit der Umsetzung der Strategie betraut sind), Ergebnis (Soll-Ist-Vergleich,

Überprüfung der Meilensteine und der Ziele)

54. Was versteht man unter Change Management?

Die professionelle Begleitung und Steuerung von fundamentalen Veränderungen (wie z. B.

Strategiewechsel oder -umsetzung)

55. Warum braucht es Change Management?

Eine neue Strategie kann dank Change Management effizienter und effektiver umgesetzt werden.

Die Ziele werden sicherer und besser erreicht, da die Mitarbeiter frühzeitig eingebunden, auf

die Veränderungen vorbereitet und während den Veränderungen begleitet werden.

56. Welche Massnahmen verwendet man im Change Management?

Information, Kommunikation, Schulung, Teambuilding

3

Lösungen

Lösungen zu Kapitel Spezielle Themen und Aufgaben im Management

1. Was versteht man unter «Unternehmenskooperationen»?

   Eine Zusammenarbeit von zwei oder mehr Unternehmen, die höchst unterschiedlich gestaltet sein kann: Vom losen, weitgehend unverbindlichen Erfahrungsaustausch bis zum Zusammenschluss der Unternehmen gibt es jede Form.

2. In welchen Bereichen können Unternehmen kooperieren?

   Beschaffung, Produktion, Absatz, F & E, Finanzen

3. Welches sind die Vor- und Nachteile von Kooperationen?

   Vorteile: Wachstum, Synergien, Risikoverteilung, Nachfolgeregelung, Liquiditätsabbau, Marktmacht, Know-how-Transfer

   Nachteile: Koordinationskosten, Know-how-Transfer, Eigenständigkeitsverlust

4. Was sind «Synergien»? Nennen Sie ein Beispiel.

   Wenn die Kooperation beiden bzw. allen daran beteiligten Unternehmen einen Nutzen bringt, meistens in Form von Kostenvorteilen. Auch: «1 + 1 = 3-Effekt». Beispiel: Die Unternehmen können den Vertrieb zusammenlegen, wodurch sich im Gesamttotal Kosten einsparen und Chancen nutzen lassen.

5. Welche Kooperationsarten und -formen gibt es?

   Horizontale, vertikale und diagonale Kooperation

   Partizipation, Konsortium, Kartell, Interessengemeinschaft, Joint Venture,

   Strategische Allianz, Konzern

6. Was ist eine vertikale Kooperation und welche Formen gibt es?

   Zusammenarbeit mit Partnern der vor- (Vorwärtsintegration) oder nachgelagerten (Rückwärtsintegration) Produktions- oder Handelsstufe

7. Beschreiben Sie ein mögliches Beispiel einer horizontalen Kooperation, die Ihr Unternehmen eingehen könnte.

   Eine Schokoladenfabrik fusioniert mit einer anderen Schokoladenfabrik.

8. Nach welchen Kriterien lassen sich verschiedene Kooperationsformen unterscheiden? Beschreiben Sie ein Beispiel.

Nach Dauer, nach Art, nach wirtschaftlicher und rechtlicher Selbstständigkeit. Beispiel: Ein Konzern ist

auf Dauer ausgelegt, kann horizontale, vertikale oder diagonale Zusammenschlüsse beinhalten, ist

wirtschaftlich unselbstständig und rechtlich selbstständig. Ein Konsortium hingegen existiert

vorübergehend, ist ein horizontaler Zusammenschluss und wirtschaftlich wie rechtlich selbstständig.

9. Was ist ein Joint Venture?

Bei einem Joint Venture gründen zwei (oder mehr) bestehende Unternehmen gemeinsam eine dritte,

rechtlich selbstständige Firma.

10. Welche Art von Kartellen ist erlaubt?

Sogenannte «weiche» Kartelle werden in der Schweiz geduldet, d. h. Absprachen, die keine wettbe

werbsverzerrenden Folgen haben.

11. Was ist eine strategische Allianz? Nennen Sie ein Beispiel.

Eine Art Interessengruppe, die mit gemeinsamen Mitteln Wettbewerbsvorteile anstrebt. Praktisch

alle Airlines beteiligen sich an strategischen Allianzen, z. B. ist Swiss Mitglied von STAR ALLIANCE.

12. Was versteht man unter «Risikomanagement»?

Sämtliche internen und externen Gefahren, denen ein Unternehmen ausgesetzt ist, sollen erkannt,

gesteuert und kontrolliert werden.

13. Welches sind die Aufgaben des Risikomanagements?

1. Risikoidentifikation, 2. -bewertung, 3. -steuerung, 4. -kontrolle

14. Nach welchen Kriterien können Risiken bewertet werden?

Nach Eintrittswahrscheinlichkeit (z. B. häufig, selten, unwahrscheinlich) und nach Tragweite

(z. B. klein, mittel, hoch)

3

Lösungen

15. Welche Arten der Risikosteuerung bzw. Risikobewältigung gibt es?

Risiko vermeiden (z. B. auf den Kauf der neuen Produktionsanlage verzichten), Risiko vermindern

(z. B. Unfallgefahr durch Schutzmassnahmen senken), Risiko übertragen (Versicherung

abschliessen), Risiko selbst tragen

16. Welche Risiken können versichert werden? Zählen Sie sechs Risiken auf.

Unfall, Krankheit, Betriebsausfall, Feuerschaden, Wasserschaden, Haftpflicht, Verluste aus

Forderungen

17. Was bedeutet «Wissensmanagement»?

Beim Wissensmanagement geht es darum, das Know-how der Firma zu bewirtschaften,

d. h. es systematisch zu bewahren, zu erweitern, zu nutzen.

18. Welche Instrumente stehen für Wissensmanagement zur Verfügung?

Handbücher, Anleitungen, Wikis, Intranet, Checklisten, Teamarbeit, Mentorings, Datenbanken wie

z. B. CRM usw.

19. In welche Phasen lässt sich Technologie- und Innovationsmanagement gliedern?

1. Ideen sammeln und bewerten

2. Konzept erarbeiten, Planung

3. Entwicklung

4. Testphase (Prototyp, Pilot)

5. Produktion, Markteinführung

20. Was bedeutet «Innovation»?

Erneuerung, eine neue Idee realisieren, die in dieser Art bisher noch nicht existiert

(die Kinderüberraschung von Ferrero war z. B. eine Innovation)

21. Was ist eine «Umweltpolitik» in einem Unternehmen?

Die Umweltpolitik beschreibt, wie das Unternehmen mit Umweltthemen umgeht. Dazu gehört

z. B. die Schonung benötigter Rohstoffe, sparsamer Energieeinsatz, Recycling usw.

22. Welches sind die vier Stufen der Abfall- und Emissionsbegrenzung?

Vermeiden – vermindern – verwerten – entsorgen

23. Wie kann das Umweltmanagement kontrolliert werden?

Mit dem Umweltaudit nach ISO 14001, mit Ökobilanzen, mit einzelnen Ökokennzahlen

(z. B. CO_2-Fussabdruck, Recyclingquote, Energieeffizienz)

24. Welche Vorteile ergeben sich für ein Unternehmen, das Umweltmanagement betreibt?

Kostenreduktion, Risikoreduktion, Imagegewinn, Wettbewerbsvorteile

25. Welche konkreten ökologischen Massnahmen kann ein Unternehmen, das Kosmetika produziert, ergreifen? Zählen Sie sechs Massnahmen auf.

Beschaffung: umweltverträglich abgebaute und/oder erneuerbare Rohstoffe einkaufen,

zertifizierte Lieferanten/Produkte bevorzugen

Produktion: energieeffiziente Geräte einsetzen, Abfall/Ausschuss reduzieren, Abfall/Ausschuss

wiederverwerten

Produkte: Verpackung reduzieren, recyklierbare Verpackung einsetzen, Nachfüllpackungen

anbieten

Distribution: Schiene statt Strasse, Leerfahrten vermeiden

26. Was ist der Unterschied zwischen Kontrolle und Controlling?

Controlling geht über die Kontrolle hinaus: Es ist ein Steuerungsinstrument, das auf einem

betrieblichen Kennzahlensystem basiert. Die Kennzahlen werden kontinuierlich erhoben und

geprüft, Korrekturmassnahmen werden laufend vorgenommen.

27. Was ist eine Balanced Scorecard?

Ein Kennzahlensystem, das fürs Controlling verwendet werden kann. Es beinhaltet Kennzahlen,

die für das Unternehmen aus Sicht der Kunden, der Finanzen, des Prozessmanagements und seines

Potenzials von Bedeutung sind.

28. Zählen Sie fünf konkrete Kennzahlen auf, die in ein Kennzahlensystem gehören.

Finanzkennzahlen: Liquidität, EBIT, Eigenfinanzierungsgrad usw.

Kundenkennzahlen: Anzahl Stammkunden, Anzahl Neukunden, Zufriedenheitsgrad usw.

Prozesse: Produktivität, Fehlerquote usw.

Potenzial: Anzahl Patente, Anzahl Einträge in Wissensdatenbank, Mitarbeiterzufriedenheit usw.

29. Was ist ein Businessplan?

Ein Geschäftsplan, der für die Gründung und Führung eines Unternehmens benötigt wird.

30. Was beinhaltet ein Businessplan?

Management Summary, Angaben zum Unternehmen, Produkte/Dienstleistungen, Markt,

Mitbewerber, Marketing, Produktion/Administration, Standort/Infrastruktur, Management/

Organisation, Risikomanagement, Finanzen, Aktionsplan

31. Für wen werden Businesspläne erstellt?

Für Unternehmer, für die Geschäftsleitung, für Kapitalgeber (Banken, Investoren), für strategische

Partner, für Lieferanten

32. Was macht einen Businessplan zu einem guten Businessplan?

Kurz, aber vollständig, ansprechende Gestaltung, angemessene Sprache (Zielgruppe

berücksichtigen!), Quellen zuverlässig offenlegen, Unternehmer/Gründer umfassend und

transparent vorstellen, konkret sein

33. Aufgrund welcher Kriterien beurteilt eine Bank die Vergabe eines Kredits?

Kreditfähigkeit und Kreditwürdigkeit

34. Was bedeutet «integriertes Management»?

Integriertes Management bedeutet, alle Facetten und Aufgaben des Managements in ihrer

Gesamtheit zu erfassen und zu bewirtschaften.

35. Welche integrierten Managementmodelle gibt es? Nennen Sie drei.

St. Galler Management-Modell, Total Quality Management, Lean Management usw.

36. Welche Elemente beinhaltet das St. Galler Management-Modell?

Umweltsphären, Anspruchsgruppen, Interaktionsthemen, Prozesse, Ordnungsmomente,

Entwicklungsmodi

37. Welche Idee liegt dem Lean Management zugrunde?

Steigerung der Effizienz, um dem Kunden eine Leistung in der richtigen Qualität und zum

bestmöglichen Preis zu bieten

38. Welches sind die Prinzipien des Lean Managements?

Kundenorientierung, Konzentration auf Stärken, Optimierung von Geschäftsprozessen, KVP,

Mitarbeiterorientierung, Empowerment, dezentrale Strukturen, offene Information und

Feedback-Prozesse, Einstellungs- und Kulturwandel im Unternehmen

39. Was beinhaltet Total Quality Management?

Führen mit Zielen, Kundenorientierung, Mitarbeiterorientierung, Null-Fehler-Programme, Kaizen,

Schulung/Weiterbildung, regelmässige Managementaudits

40. Entspricht oder widerspricht der Fokus auf Kosten und Erlösen der TQM-Philosophie?

Widerspricht – gemäss TQM orientiert sich Qualität an allen Aspekten, nicht nur an den

wirtschaftlichen

41. Was beinhaltet der TQM-Prozess?

Plan: Jeder Prozess wird vor seiner Umsetzung geplant.

Do: Der Plan wird nun getestet mit dem Ziel der praktischen Optimierung.

Check: Der Prozessablauf wird geprüft und bei Erfolg als gültiger Standardprozess freigegeben.

Act: Der neue Standard wird auf breiter Front eingeführt.

Notizen

Notizen

Notizen

Notizen